面向高等职业院校基于工作过程项目式系列教材

企业级卓越人才培养解决方案规划教材

Python 项目实战

天津滨海迅腾科技集团有限公司　　编著

天津大学出版社

TIANJIN UNIVERSITY PRESS

图书在版编目(CIP)数据

Python项目实战 / 天津滨海迅腾科技集团有限公司
编著. -- 天津 : 天津大学出版社, 2021.7（2023.3重印）
面向高等职业院校基于工作过程项目式系列教材　企
业级卓越人才培养解决方案规划教材
ISBN 978-7-5618-7008-2

Ⅰ.①P… Ⅱ.①天… Ⅲ.①软件工具－程序设计－
高等职业教育－教材 Ⅳ.①TP311.561

中国版本图书馆CIP数据核字(2021)第154035号

Python Xiangmu Shizhan

出版发行	天津大学出版社	
地　　址	天津市卫津路92号天津大学内(邮编:300072)	
电　　话	发行部:022-27403647	
网　　址	www.tjupress.com.cn	
印　　刷	廊坊市海涛印刷有限公司	
经　　销	全国各地新华书店	
开　　本	185 mm×260 mm	
印　　张	14.75	
字　　数	374千	
版　　次	2021年7月第1版	
印　　次	2023年3月第2次	
定　　价	59.00元	

面向高等职业院校基于工作过程项目式系列教材
企业级卓越人才培养解决方案规划教材
指导专家

周凤华	教育部职业技术教育中心研究所
姚　明	工业和信息化部教育与考试中心
陆春阳	全国电子商务职业教育教学指导委员会
李　伟	中国科学院计算技术研究所
许世杰	中国职业技术教育网
窦高其	中国地质大学（北京）
张齐勋	北京大学软件与微电子学院
顾军华	河北工业大学人工智能与数据科学学院
耿　洁	天津市教育科学研究院
周　鹏	天津市工业和信息化研究院
魏建国	天津大学计算与智能学部
潘海生	天津大学教育学院
杨　勇	天津职业技术师范大学
王新强	天津中德应用技术大学
杜树宇	山东铝业职业学院
张　晖	山东药品食品职业学院
郭　潇	曙光信息产业股份有限公司
张建国	人瑞人才科技控股有限公司
邵荣强	天津滨海迅腾科技集团有限公司

基于工作过程项目式教程
《Python 项目实战》

主　编	李　强　孙继荣　刘洁晶
副主编	董善志　孟英杰　童红兵　畅玉洁
	王永乐　陈军章　陈　鹏　刘　涛

前　言

随着大数据与人工智能的发展，Python 语言发展迅速。目前国内 Python 人才需求呈大规模上升趋势，从业人员薪资水平也水涨船高，但人才缺口巨大。Python 以其简洁的配置、良好的开放性以及灵活性，深受企业应用开发者的青睐，其应用的性能、稳定性都有很好的保证。

本书从不同的视角对 Python 进行介绍，涉及 Python 开发的各个方面，主要包括 Python 的简介和安装、Python 开发工具使用、Python 代码编写规范、Python 函数式编程、Python 面向对象编程、Python I/O 操作以及 Python 第三方模块的使用等，让读者全面、深入、透彻地理解人工智能系统平台开发的各种知识及具体使用方法，提高实际开发水平。全书知识点的讲解由浅入深，使每一位读者都能有所收获，也保持了整本书的知识深度。

本书主要涉及八个项目，即 Python 入门、Python 基础语法、Python 序列、Python 流程控制、Python 字符串操作与正则表达式、Python 函数与面向对象、Python 文件操作及异常处理、Python 数据采集与存储。

本书结构条理清晰、内容详细，每个项目都通过学习目标、学习路径、任务描述、任务技能、任务实施、任务总结、英语角和任务习题 8 个模块进行相应知识的讲解。其中，学习目标和学习路径对本项目包含的知识点进行简述，任务实施模块对本项目中的案例进行了步骤化的讲解，任务总结模块作为最后陈述，对使用的技术和注意事项进行了总结，英语角解释了本项目中专业术语的含义，使学生全面掌控所讲内容。

本书由李强、孙继荣、刘洁晶共同担任主编，董善志、孟英杰、童红兵、畅玉洁、王永乐、陈军章、陈鹏、刘涛担任副主编，李强、孙继荣和刘洁晶负责整书编排。项目一由李强、孙继荣负责编写；项目二由董善志、孟英杰负责编写；项目三由刘洁晶负责编写；项目四由童红兵、畅玉洁负责编写；项目五由王永乐负责编写；项目六由陈军章负责编写；项目七由陈鹏负责编写；项目八由刘涛负责编写。

本书理论内容简明、扼要，实例操作讲解细致，步骤清晰，实现了理实结合，操作步骤后有相对应的效果图，便于读者直观、清晰地看到操作效果，从而牢记书中的操作步骤，能够更加顺利地进行 Python 开发相关知识的学习。

天津滨海迅腾科技集团有限公司

2021 年 6 月

目　录

项目一 Python 入门

本项目通过对 Python 的介绍,使读者了解 Python 的发展、特点以及应用,熟悉 Python 在 Windows 系统上的安装,掌握 Python 编辑器的使用以及 Python 第三方库的加载,具有在 Linux 操作系统上进行 Python 安装的能力,在任务实施过程中:

● 了解 Python 的相关概念;

● 熟悉 Python 的安装过程;

● 掌握 Python 程序的开发以及相关库的下载;

● 具有实现在不同操作系统上安装 Python 的能力。

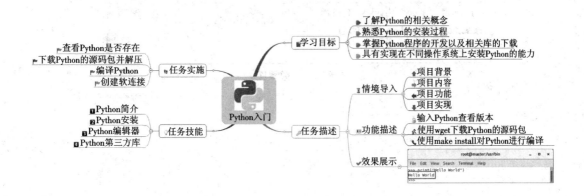

【情境导入】

简单来说,编程语言就是能够被人和计算机都识别的语言,可以让程序开发人员精确地定义计算机在不同情况下应当采取的行动。编程语言处于不断的变化和发展中,从最初的机器语言发展到如今的 2 500 种以上的高级语言,每种语言都有其特定的用途和不同的发展轨迹,如 C、C++、C#、Java、Python、JavaScript、Go、R 等语言。目前,Python 是最受欢迎的语言,由于其具有模块化、易于学习、面向对象等特性,很多进行计算机编程的学生把 Python 作为他们学习的第一门语言。本项目通过对 Python 相关概念的讲解,最终实现 Python 在 Linux 环境中的安装。

【功能描述】

● 输入 Python 查看版本。
● 使用 wget 下载 Python 的源码包。
● 使用 make install 对 Python 进行编译。

【效果展示】

读者学习本项目后,能够通过对 Python 相关概念的了解以及 Python 在 Windows 上的安装,完成 Linux 环境中 Python 的安装。效果如图 1-1 所示。

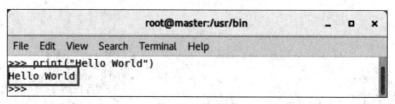

图 1-1　效果图

技能点一　Python 简介

1. Python 的发展历史

Python 的创始人为吉多·范罗苏姆（Guido van Rossum），他在 1989 年的圣诞节期间，为了快点度过这个无趣的圣诞节，决定开发一个新的脚本解释程序，并打算作为同样由他参与设计的 ABC 语言的一种继承。他认为 ABC 语言是一种非常优美和强大的语言，是为数不多的专门为非专业程序员设计的语言，但是 ABC 语言并没有取得十分出色的成绩，他认为是不开源导致的，所以他在 Python 的设计中避免了这个错误，同时还实现了在 ABC 语言中未曾实现的东西。

Guido 以 Python（大蟒蛇）命名这种编程语言，是取自英国 20 世纪 70 年代首播的电视喜剧《蒙提·派森的飞行马戏团》（Monty Python's Flying Circus）。

就这样，一种名为 Python 的编程语言在 Guido 手中诞生了。Python 的发展主要受到 Modula-3 的影响，同时还结合了 Unix shell 与 C 语言的习惯。Python 的解释器 CPython 和源代码遵循 GPL(GNU General Public License) 协议，是纯粹的自由软件。Python 的语法简洁清晰，语句缩进强制使用空白符 (white space)。Python 的 Logo 如图 1-2 所示。

图 1-2　Python 的 Logo

2000 年 10 月 16 日，Guido 发布了 Python2，Python2 最稳定的版本是 Python2.7。2004 年以后，Python 的使用率呈线性增长。2008 年的 12 月 3 日，Guido 发布了 Python3，并且 Python3 不完全兼容 Python2。2011 年 1 月，Python 被 TIOBE 编程语言排行榜评为 2010 年度语言。自从 1991 年 Python 语言发布第一版至今，它已经逐渐被用于系统管理任务的处理以及 Web 编程。2020 年度编程语言排行榜如图 1-3 所示，Python 连续四年位居首位。

Language Ranking: IEEE Spectrum

Rank	Language	Type			Score
1	Python▾	🌐	🖥	⚙	100.0
2	Java▾	🌐 📱	🖥		95.3
3	C▾	📱	🖥	⚙	94.6
4	C++▾	📱	🖥	⚙	87.0

图 1-3　2020 年编程语言排行榜

2. Python 的特点

Python 是一种解释型的脚本语言,解释型是指 Python 代码是通过 Python 解释器将源代码"解释"为计算机硬件能够执行的芯片语言,但是由于 Python 直接运行源程序,所以对源代码加密有着一定难度。Python 的特点如图 1-4 所示。

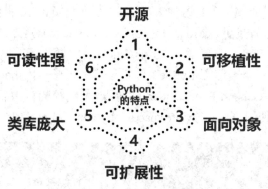

图 1-4　Python 的特点

1)开源

由于吉多·范罗苏姆认为 ABC 语言的失败是其不开源导致的,所以他在开发 Python 语言时就贯彻了开源的思想。开源性为 Python 带来了许多人才,这些人才为 Python 的测试和改进作出了很大贡献,使 Python 的社区更有活力,程序也越来越丰富。

2)可移植性

在研发 Python 的标准库以及模块中,吉多的团队也尽可能地考虑到了跨平台的可移植性。Python 程序可以将源代码自动解释成可移植的字节码,这种字节码在已经安装了兼容版本的 Python 平台上的结果是一样的,所以 Python 程序的核心语言和标准库可以在 Linux、Windows 及其他带有 Python 解释器的平台上无差别地运行。

3)面向对象

Python 面向对象的特点使其具有易维护、质量高、效率高、易扩展的优点,使 Python 的开发效率大幅度提高,但同时也带来了程序处理效率低的缺点。

4)可扩展性

Python 的可扩展性体现在它的模块上,Python 具有脚本语言中最强大且和谐丰富的类库。当要求一段关键的代码运行效率更高时,可以使用其他语言来编写,然后再在 Python 程序中使用它们,这些类库包含了文件 I/O、GUI、网络编程、数据库访问、文本操作等绝大部分应用场景。

5)类库庞大

Python 提供了大量强大的标准库。类库是 Python 提供给用户的用以完成一种功能的代码集合,而且基于 Python 的良好的开源社区,Python 也有非常丰富且优秀的第三方类库。

6)可读性强

Python 作为一款相对简单的语言,它的编程思维几乎与现实生活中的思维习惯相同,尽管它是用 C 语言编写的,但它摒弃了 C 语言中复杂烦琐的语法,使得新手或是不懂程序的人也能对代码进行简单的阅读。

3. Python 的应用领域

目前,Python 已经全面普及,可以应用于众多领域,例如网络服务、图像处理、数据分析、组件集成、数值计算和科学计算等。目前业内所有大中型互联网企业都在使用 Python,例如 Youtube、Dropbox、BT、Quora(中国知乎)、豆瓣、知乎、Google、Yahoo、Facebook、NASA、百度、腾讯、汽车之家、美团等。互联网公司广泛使用 Python 实现自动化运维、自动化测试、大数据分析、爬虫、Web 等功能。Python 专业学生的就业方向如图 1-5 所示。

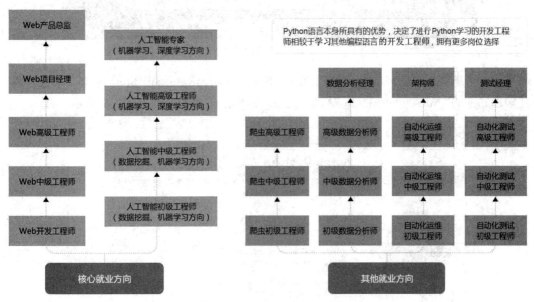

图 1-5 Python 专业学生的就业方向

技能点二　Python 安装

在 Windows 系统中安装 Python 以及配置 Python 环境的方法可以参照以下步骤。

（1）打开 Python 官网"https://www.python.org/"，并在首页的"Downloads"按钮中悬停光标，在浮出的菜单栏中选择"Python 3.9.4"按钮，点击按钮后开始下载。Python 的官网如图 1-6 所示。

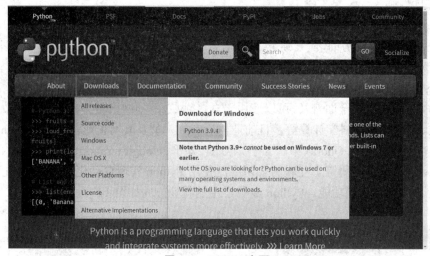

图 1-6　Python 官网

（2）打开刚刚下载好的 Python 安装包，选择"Customize installation"自定义安装位置，并勾选底部的"Add Python 3.9 to PATH"选项。Python 的安装界面如图 1-7 所示。

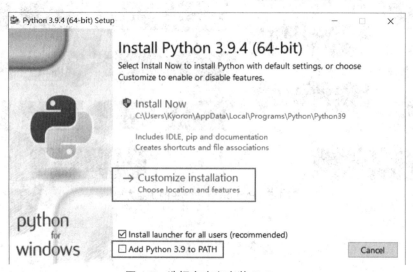

图 1-7　选择自定义安装 Python

（3）此处保持默认配置，点击"Next"进行下一步安装。Python 的安装界面如图 1-8 所示。

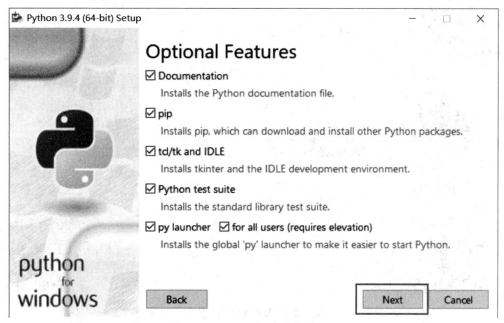

图 1-8　Python 安装界面

（4）这一步点击"Browse"按钮，选择要安装 Python 的位置，这里选择的路径最好不要有中文，并且要记录一下路径，在后面的 Python 环境配置中需要用到。选择好路径之后点击"Install"按钮开始安装。自定义安装路径如图 1-9 所示。

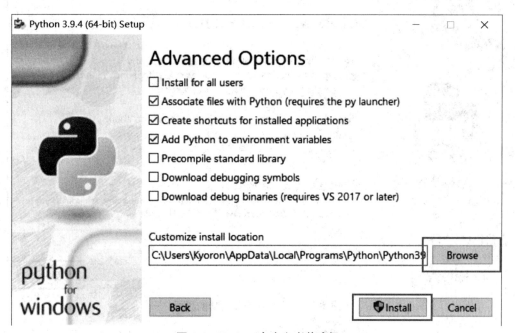

图 1-9　Python 自定义安装路径

（5）等待 Python 安装的完成。Python 的安装界面如图 1-10 所示。

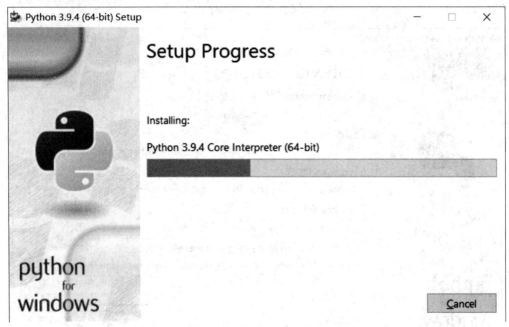

图 1-10　等待 Python 安装

（6）到这一步就说明 Python 已经安装完毕，点击"Close"按钮退出安装程序。Python 安装成功的界面如图 1-11 所示。

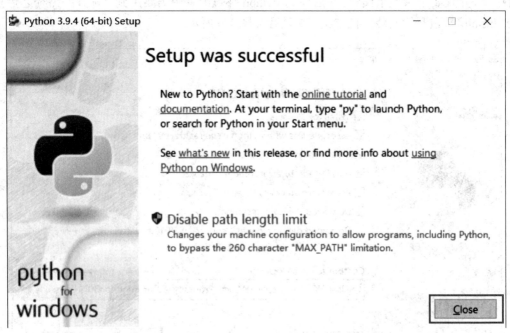

图 1-11　Python 安装成功的界面

（7）通过 Windows 的"cmd"命令行检查 Python 是不是可以在系统上正常地运行，通过

"win+R"组合键打开运行窗口,在运行窗口中输入"cmd"调出命令行。在 cmd 窗口中输入"python",得到如图 1-12 所示的结果,即说明 Python 已经可以在系统上正常运行。使用命令行检查 Python 是否可运行,如图 1-12 所示。

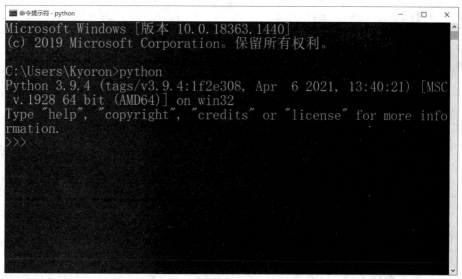

图 1-12　检查 Python 是否可运行

(8)在"此电脑"上单击鼠标右键,选择"属性"选项。选择电脑属性如图 1-13 所示。

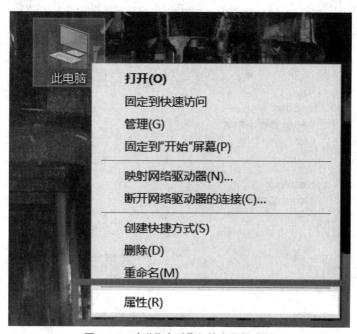

图 1-13　在"此电脑"上单击鼠标右键

(9)在弹出的系统窗口中点击"高级系统设置"选项。高级系统设置所在位置如图 1-14 所示。

图 1-14　选择"高级系统设置"

（10）随后在弹出的"系统属性"窗口中点击"高级"分栏中的"环境变量"按钮。系统属性中的环境变量如图 1-15 所示。

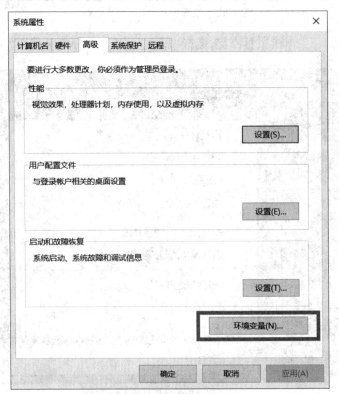

图 1-15　选择"环境变量"

（11）在弹出的"环境变量"窗口中，在用户变量一栏中找到"Path"变量，选中"Path"变量，然后点击"编辑"按钮。选择编辑"环境变量"的操作示意如图 1-16 所示。

图 1-16 编辑"Path"变量

（12）在弹出的"编辑环境变量"窗口中，点击"新建"按钮，添加 Python 安装路径。新建 Python 路径如图 1-17 所示。

图 1-17 新建 Python 路径

技能点三　Python 编辑器

开发 Python 程序的基本 IDE（集成开发环境）是 IDLE，它是 Python 的交互式解释器。它具备基本的 IDE 的功能，是非商业 Python 开发不错的选择。安装好 Python 后，IDLE 会自动安装。IDLE 的特点包括语法标记明显、段落缩进整齐、文本编辑方便、TABLE 键控制和调试程序便捷等。但相比于其他编辑器，它的效率低，本书使用 Jupyter 进行 Python 学习。

1. IDLE

IDLE 是 Python 程序基本的 IDE，它具备基本的 IDE 功能，在 Python 安装完成之后，IDLE 会同时自动安装。IDLE 的基本功能有语法高亮、段落缩进等。

1）IDEL 的使用

（1）打开 Windows 菜单，找到以"Python"命名的文件夹，打开文件夹后选择其中的"IDLE（Python 3.9 64-bit）"，双击该文件打开 IDLE。如图 1-18 所示。

（2）打开后的 IDLE 如图 1-19 所示。

图 1-18　IDLE 在文件夹中的位置

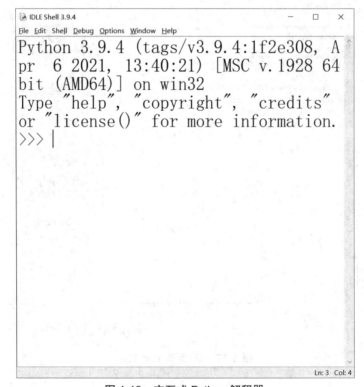

图 1-19　交互式 Python 解释器

　　在 IDLE 中输入"print('Hello world')"，按回车键即可在 IDLE 中打印"Hello world"。
效果如图 1-20 所示。

图 1-20　打印 Hello world

2）IDLE 常用快捷键

　　初学者使用 IDLE 时，如果能熟练掌握 IDLE 的常用快捷键，可以在很大程度上提高开
发体验及效率。常用的快捷键见表 1-1。

表 1-1　常用快捷键

组合键	含义
Alt+3	多行注释
Alt+4	取消多行注释
Alt+P	翻出上一条命令，类似于向上的箭头
Alt+N	翻出下一条命令，类似于向下的箭头
Ctrl +]　Ctrl +]	多行代码的缩进
Ctrl+F	查找指定的字符串
Ctrl+D	跳出交互模式
Alt+F4	关闭 Windows 窗口
Alt+D	开启代码调试功能

组合键	含义
Alt+M	打开模块代码，先选中模块，就可以查看该模块的源码
Alt+X	进入 Python Shell 模式
Alt+F+P	打开路径浏览器，方便选择导入包进行查看
Alt+C	打开类浏览器，方便在模块方法体之间切换
F5	进入 Python Shell 调试界面
Tab	Python Shell 模式下的自动补齐功能
F1	翻出 Python document

2. Jupyter

Jupyter 的本质是一个 Notebook 交互式笔记本，是一个 Web 应用程序，它同时支持运行 40 多种编程语言。Jupyter 主要便于创建和共享文学化程序文档，同时支持实时代码、数学方程、可视化和 markdown。其主要用途在于数据清理和转换、统计建模、机器学习等。

1）Jupyter 的安装

对于 Jupyter 的安装，可以参考以下步骤。

第一步：首先在 Jupyter 的官网"https://jupyter.org/"点击官方页面中的"Install"按钮。Jupyter 官网如图 1-21 所示。

图 1-21　Jupyter 官网

第二步：跳转到新的页面后，复制页面中"Installation with pip"下的"pip install jupyter-lab"这段代码。Jupyter 官网的 pip 指令如图 1-22 所示。

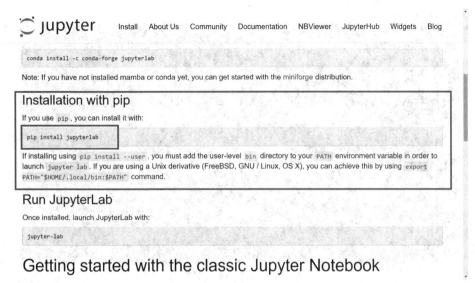

图 1-22　pip 安装 Jupyter

第三步：打开命令行，粘贴或输入刚刚复制的代码后按回车键，即可开始安装 Jupyter。在命令行中安装 Jupyter 如图 1-23 所示。

图 1-23　Jupyter 安装

第四步：等待命令行出现新的空行后，即代表安装完成。安装完成后如图 1-24 所示。

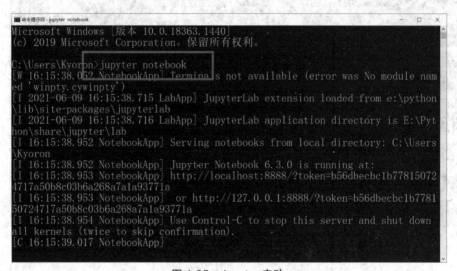

图 1-24　Jupyter 安装完成

2）Jupyter 的使用

Jupyter 安装完成后，即可使用 Jupyter 进行 Python 的编写工作了。Jupyter 的基本使用方法可以参考下列步骤。

第一步：再次打开命令行，输入"jupyter notebook"后按回车键。在命令行中使用指令启动 Jupyter，如图 1-25 所示。

图 1-25　Jupyter 启动

第二步：按回车键后弹出 Jupyter 的主页面，弹出主页面后命令行不能关闭，否则会让 Jupyter 无法正常运行。在主界面中可以看到本计算机的目录，选择一个合适的目录创建 Python 文件，这里选择"Desktop"桌面来创建和编写 Python 文件。Jupyter 运行后的主界面如图 1-26 所示。

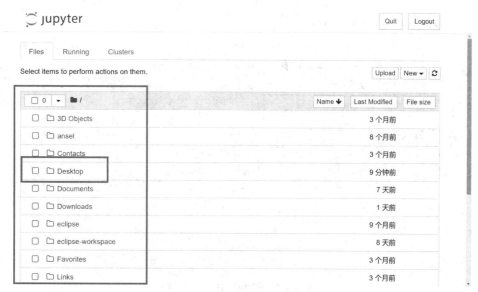

图 1-26 选择 Jupyter 目录

第三步：待页面跳转后，在页面中找到"new"按钮，点击之后在展开的选择栏中选择 "Python 3"选项，即可在选择的目录中创建一个".ipynb"的文件。在 Jupyter 界面中创建的 ".ipynb"文件如图 1-27 所示。

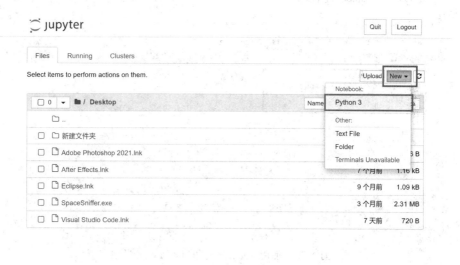

图 1-27 创建".ipynb"文件

第四步：完成创建后，在弹出的新窗口中的文本框中即可输入 Python 代码进行开发。 Jupyter 的编写页面如图 1-28 所示。

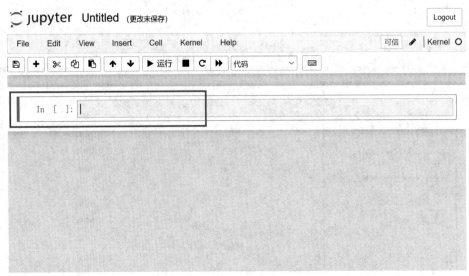

图 1-28　Python 代码编写界面

第五步：输入代码"print('hello world')"后，点击页面中的"▶ 运行"按钮，即可在页面中打印"hello world"字样。使用 Jupyter 打印"hello world"如图 1-29 所示。

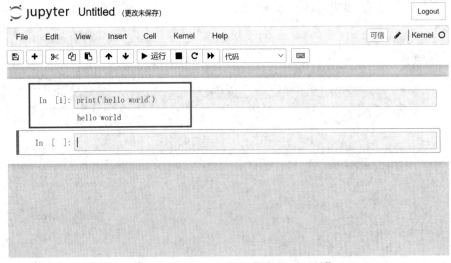

图 1-29　使用 Jupyter 打印"hello world"

技能点四　Python 第三方库

Python 被称为胶水语言，因为它具有丰富和强大的第三方库。它能够把其他语言制作的各种模块（尤其是 C/C++）很轻松地联系在一起。常见的应用情形：使用 Python 快速生成程序的原型，对其中有特别要求的部分，用更合适的语言改写，比如 3D 游戏中的图形渲染模块，性能要求特别高，就可以用 C/C++ 重写后，封装为 Python 可以调用的扩展类库。

如果说强大的标准库奠定了 Python 发展的基石，那么丰富的第三方库则是 Python 不断发展的保证。Python 开发中常用的第三方库及作用见表 1-2。

表 1-2　Python 常用的第三方库及作用

组合子	描述
Scrapy	爬虫工具常用的库
Requests	http 库
Pillow	PIL（Python 图形库）的一个分支，适用于在图形领域工作的人
matplotlib	绘制数据图的库，对于数据科学家或分析师非常有用
OpenCV	图片识别常用的库，通常在练习人脸识别时会用到
pytesseract	图片文字识别，即 OCR 识别
wxPython	Python 的一个 GUI（图形用户界面）工具
Twisted	对于网络应用开发者最重要的工具
SymPy	进行代数评测、差异化、扩展、复数等
SQLAlchemy	数据库的库
SciPy	Python 的算法和数学工具库
Scapy	数据包探测和分析库
pywin32	提供和 Windows 交互的方法和类的 Python 库
Pyglet	3D 动画和游戏开发引擎
Pygame	开发 2D 游戏时使用会有很好的效果
NumPy	为 Python 提供了很多高级的数学方法
beautifulsoup	xml 和 html 的解析库，对于新手非常有用
Pandas	数据统计、分析平台
urllib	操作 URL
sys	提供对解释器使用或维护的一些变量的访问

Python 库可以通过下载源代码执行安装，也可以通过包管理器 pip 来安装。这里主要介绍通过 pip 包管理器的安装方法，pip 安装第三方库的语法格式如下所示。

```
pip install 库名
```

以安装第三方库 beautifulsoup4 为例，使用 pip 安装 Python 库的步骤如下所示。

第一步：通过 Windows 组合键"win+R"调出运行框，在其中输入"cmd"后按回车键，以调用系统命令行，如图 1-30 所示。

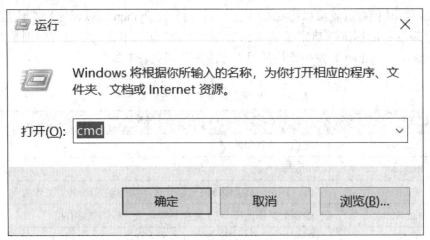

图 1-30　启动命令行

第二步：在命令行中输入"pip install beautifulsoup4"即可开始安装名为"beautifulsoup4"的第三方库，在安装过程开始后，等待安装完成即可使用对应的第三方库，如图 1-31 所示。

图 1-31　安装第三方库

除了在 Windows 环境中进行 Python 的开发，在 Linux、UNIX 系统中使用 Python 开发项目的人员同样很多。一般 Linux、UNIX 的系统只要安装完毕，Python 解释器已经默认存在，但通常默认的是 Python 2 版本，所以需要下载安装 Python 3，步骤如下所示。

第一步:打开命令窗口,查看是否存在默认的 Python,命令如下所示。

[root@master ~]# python

效果如图 1-32 所示。

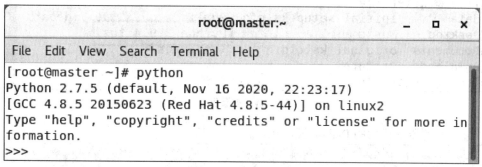

图 1-32　Python 查看

第二步:利用 Linux 自带的下载工具 wget 下载 Python 的源码包,命令如下所示。

[root@master ~]# wget https://www.python.org/ftp/python/3.9.4/Python-3.9.4.tgz

效果如图 1-33 所示。

图 1-33　下载 Python 源码包

第三步:查看目录包含内容,确定源码包是否下载成功,命令如下所示。

[root@master ~]# ls

效果如图 1-34 所示。

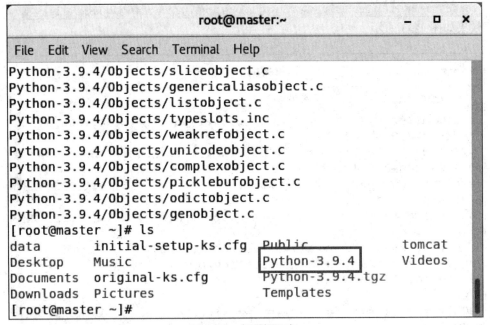

图 1-34　查看目录

第四步：解压下载后的 Python 源码包，命令如下所示。

[root@master ~]# tar -zxvf Python-3.9.4.tgz

[root@master ~]# ls

效果如图 1-35 所示。

图 1-35　解压源码包

第五步：在 /usr/local 目录创建一个名为"python39"的文件夹，避免覆盖旧的版本，命令如下所示。

[root@master ~]# mkdir /usr/local/python39

[root@master ~]# find /usr/local/python39

效果如图 1-36 所示。

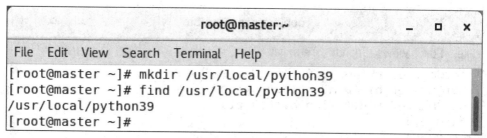

图 1-36　创建目录并查看

第六步：进入解压缩后的 Python-3.9.4 文件夹，开始 Python 的编译安装，命令如下所示。

```
[root@master ~]# cd Python-3.9.4
[root@master Python-3.9.4]# ./configure --prefix=/usr/local/python39
[root@master Python-3.9.4]# make
[root@master Python-3.9.4]# make install
```

效果如图 1-37 所示。

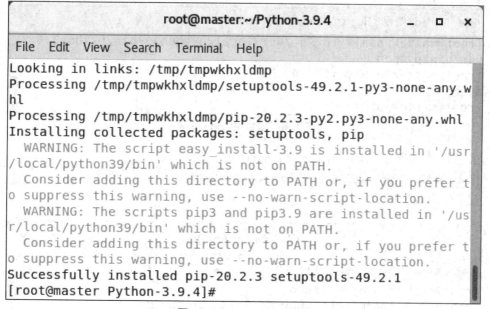

图 1-37　Python 编译安装

第七步：此时没有覆盖旧版本，切换到"/usr/bin"目录下，将原来的"/usr/bin/python"链接重命名，命令如下所示。

```
[root@master Python-3.9.4]# cd /usr/bin/
[root@master bin]# mv python python_old
[root@master bin]# find python_old
```

效果如图 1-38 所示。

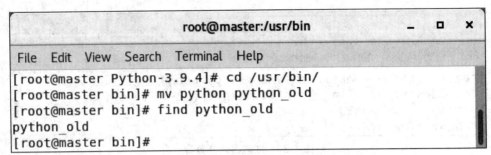

图 1-38　重命名原 Python

第八步：建立新版本 Python 的链接，命令如下所示。

```
[root@master bin]# ln -s /usr/local/python39/bin/python3.9 /usr/bin/python
[root@master bin]# find python
```

效果如图 1-39 所示。

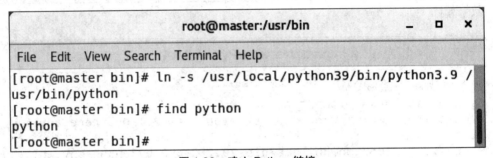

图 1-39　建立 Python 链接

第九步：在命令行中输入 python 进行验证，命令如下所示。

```
[root@master bin]# python
```

效果如图 1-40 所示。

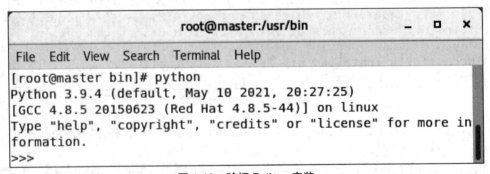

图 1-40　验证 Python 安装

第十步：使用 print() 方法实现"Hello World"的输出，命令如下所示。最终出现如图 1-1 所示结果，说明 Python 在 Linux 上安装成功。

```
>>> print("Hello World")
```

至此，Python 在 Linux 系统安装完成。

本项目通过 Python 安装的实现，使读者对 Python 的发展、特点以及应用领域等相关知识有了初步了解，对 Python 的安装、Python 编辑器的使用以及 Python 第三方库的安装有所了解并掌握，并能够通过所学的 Python 相关知识实现 Python 在 Linux 操作系统上的安装。

customize	定制	installation	安装
notebook	笔记本	markdown	降价
request	请求	pillow	枕头
twist	扭曲	soup	汤

一、选择题

（1）Python 语言于（　　）年发布第一版。

A. 1990　　　　　B. 1991　　　　　C. 1992　　　　　D. 1993

（2）下列选项中不属于 Python 特点的是（　　）。

A. 不可读　　　　B. 可移植性　　　　C. 可扩展性　　　　D. 面向对象

（3）Python 不能应用于（　　）领域。

A. 网络服务　　　B. 图像处理　　　　C. 计算机管理　　　D. 数值计算

（4）IDLE 常用快捷键中表示多行注释的是（　　）。

A. Alt+P　　　　　B. Alt+D　　　　　C. Alt+3　　　　　D. Alt+C

（5）下列第三方 Python 库中，用于提供爬虫工具的是（　　）。

A. Requests　　　B. Pillow　　　　　C. OpenCV　　　　D. Scrapy

二、简答题

（1）简述 Python 的版本。

（2）简述 Python 第三方库的安装。

项目二　Python 基础语法

　　本项目通过变量相关操作的实现,使读者了解 Python 常用编码规则,熟悉 Python 中数据类型的分类,掌握 Python 运算符的使用,具有使用 Python 应用程序进行运算并输出结果的能力。在任务实现过程中:

- 了解 Python 的缩进与注释;
- 熟悉变量与常量;
- 掌握 Python 中变量的运算方式;
- 具有独立编写 Python 程序并进行数据运算的能力。

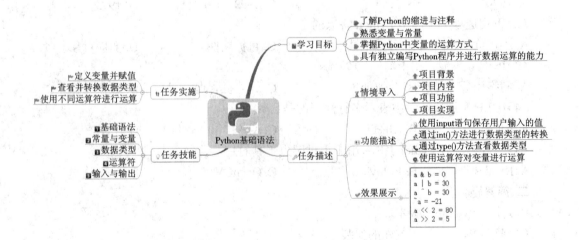

【情境导入】

在学习一门编程语言时,基础知识是基石,是程序能够正常执行的前提,如语法格式、数据类型以及输入输出操作等,只有将基础知识理解透彻,才能很好地完成项目的开发工作,减少错误出现的可能性,从而提高工作效率。本项目通过对 Python 变量与常量的声明、运算符的调用以及输出语句的讲解,最终完成 Python 变量的声明及运算。

【功能描述】

● 使用 input 语句保存用户输入的值。
● 通过 int() 方法进行数据类型的转换。
● 通过 type() 方法查看数据类型。
● 使用运算符对变量进行运算。

【效果展示】

读者通过对本项目的学习,能够定义两个变量,并在数据类型转换后进行变量之间的运算,效果如图 2-1 所示。

```
a & b = 0
a | b = 30
a ^ b = 30
~a = -21
a << 2 = 80
a >> 2 = 5
```

图 2-1　效果图

技能点一　基础语法

1. Python 的缩进

Python 秉承着简单简洁的原则, 放弃了在其他语言中使用广泛的花括号("{}"), 而采用独特的缩进来表示代码分层。Python 中的缩进通常在复杂的代码块中使用, 例如函数定义、类定义以及控制语句中。下面使用缩进对代码进行分层, 代码 CORE0201 如下所示。

代码 CORE0201

if a>b:
　　print(a)　　# 一个缩进量, 如果 a>b, 则执行 print a
else:
　　print(b)　　# 一个缩进量, 如果 a<=b, 则执行 print b

运行结果如图 2-2 所示。

3

图 2-2　缩进量演示

在代码 CORE0201 中, 可以看到第二行语句与第四行语句与其他语句相比, 缩进了 4 个空格, 在 Python 的标准中, 4 个空格或者一个 Tab 键代表一个缩进量。

在同一段中, 相同缩进量的语句被归为同一组。下面使用多个不同缩进对代码进行分层, 代码 CORE0202 如下所示。

代码 CORE0202

if a>b:
　　if a == 1:
　　# 如果 a 等于 1, 则在屏幕中打印 a 的值
　　　　print(a)
　　else:
　　# 如果 a 不等于 1, 则进入下面的判断
　　　　if a == 0:
　　　　# 如果 a 等于 0, 则在屏幕中打印 a 的值

```
        print(a)
    else:
        # 如果 a 不等于 1 也不等于 0,则退出判断
        pass
elif a == b:
# 如果 a 等于 b,则在屏幕中打印 a 和 b 的值
    print(a,b)
else:
# 如果 a 不等于 1,0,b,则在屏幕中打印 b 的值
    print(b)
```

运行结果如图 2-3 所示。

2 2

图 2-3　多层不同缩进量嵌套

在代码 CORE0202 中,总共有 3 种不同缩进量的语句,相同缩进量的组成一组,这样就可以避免需要组合使用的语句产生冲突。

但是也需要注意同一级的代码缩进中,需要保持组合使用的语句的缩进量一致。下面的代码即为没有保持缩进量一致引发的错误,代码 CORE0203 如下所示。

代码 CORE0203

```
a = 1
b = 10
if a>b:
  if a == 1:
    print(a)
  else:
    if a == 0:
      print(a)
    else:
      pass
elif a == b:
    print(a)    #此处代码和下一句的代码缩进不一致,导致脚本运行错误
  print(b)
else:
  print(b)
```

运行结果如图 2-4 所示。

```
File "<tokenize>", line 13
    print(b)
    ^
IndentationError: unindent does not match any outer indentation level
```

图 2-4　代码缩进量错误

2. Python 的注释

注释是编写程序过程中不可缺少的部分,在程序合适的部分使用注释,可便于程序员之间进行交流,也可以标注某一段代码的作用。

在 Python 中,注释能够提高代码的可维护性,使注释的内容不会被 python 编译器解释执行。目前,代码的注释有两种方式,分别是单行注释和多行注释。其中,单行注释语句以字符"#"开始,位于"#"之后的语句不会被执行,但是"#"仅注释其所在的行,不会影响其他行内的代码。语法格式如下所示。

```
# 单行注释
```

如果需要编写大段的注释,则可以使用 3 个单引号或者 3 个双引号将需要注释的内容包围,语法格式如下所示。

```
"""
多行注释
……
"""

'''
多行注释
……
'''
```

下面分别使用 2 种不同的方式对代码进行注释,代码 CORE0204 如下所示。

```
代码 CORE0204

# 本行代码为单行注释示例
'''
3 个单引号包围的注释
该段代码判断 a,b 值的大小
并根据不同的情况输出
如果 a 大于 b 则输出 a
如果 a 小于等于 b 则输出 b
'''
a = 2
b = 2
if a > b:    # 判断 a 和 b 的大小
  print(a)   # 输出 a
else:
```

```
print(b)   # 输出 b
"""
3 个双引号包围的注释
代码判断结束
print(a)
上边的语句不会被执行
"""
```

运行结果如图 2-5 所示。

2

图 2-5　单、多行注释

3. Python 包的导入

对于一个大的 Python 程序而言,通常需要借助其他第三方 Python 类库来开发,并且也不会在一个源文件中编写整个程序,所以需要用模块化的方式来组织项目的源代码。在 Python 中导入包有 import、from...import...、as 3 个语句。其中,import 用于导入指定模块,from...import... 用于从指定模块导入成员,而 as 则用于指定别名,语法格式如下所示。

```
# 导入整个模块
import 模块名 1 [as 别名 1], 模块名 2 [as 别名 2], … , 模块 n
# 导入模块中指定成员
from 模块名 import 成员名 1 [as 别名 1], 成员名 2 [as 别名 2], … , 成员名 n [as 别名 n]
```

需要注意的是,在进行 Python 中相关包的导入时,有以下几点需要注意:

● import 语句导入整个模块内的所有成员(包括变量、函数、类等);

● import 语句导入模块中的成员时,必须添加模块名或模块别名前缀;

● from...import... 语句只导入模块内的指定成员,没有导入的成员不能被使用;

● from...import... 语句导入模块中的成员时,无须使用任何前缀,直接使用成员名或成员别名即可。

下面使用 import 语句导入 sys 整个模块并为该模块指定别名,代码 CORE0205 如下所示。

代码 CORE0205

```
# 导入 sys 整个模块,并指定别名为 s
import sys as s
# 使用 s 模块别名作为前缀来访问模块中的成员
print(s.argv[0])
```

效果如图 2-6 所示。

c:\users\xv\appdata\local\programs\python\python39\lib\site-packages\ipykernel_launcher.py

图 2-6　模块导入

第 2 行代码在导入 sys 模块时才指定了别名 s,因此在程序中使用 sys 模块内的成员时,必须添加模块别名 s 作为前缀。

技能点二　常量与变量

1. 标识符、关键字

任何一种编程语言都离不开标识符与关键字的使用,其中标识符就是指变量、常量、函数、属性、类、模块和包等由程序员命名的名字,但是程序员自定义的名字必须遵循 Python 的命名规范,Python 语言中标识符的命名规则如下所示。

● 由字符(A~Z 和 a~z)、下画线和数字组成,但第一个字符不能是数字。

● 不能和 Python 中的关键字或保留字相同。

● 不能包含空格、@、% 以及 $ 等特殊字符。

● 标识符区分大小写,同一字母的不同大小写格式、含义不同,是完全不同的两个标识符。

● 通常以下画线开头的标识符都有特殊含义,除非在特定场景中,应避免使用下画线开头命名标识符。例如:以单下画线开头的标识符(如 _width),表示不能直接访问的类属性,其无法通过 from...import* 的方式导入;以双下画线开头的标识符(如 __add)表示类的私有成员。

● 要做到见名知意。例如姓名信息尽量用 name 来保存,其效果要好于用 xingming 或 xm。

而保留关键字是 Python 语言中已经被赋予特殊含义的单词,不能在定义标识符时被使用。Python 中保留关键字含义见表 2-1。

表 2-1　保留关键字

保留关键字	含义
False	布尔类型的值,表示假,与 True 相反
None	None 比较特殊,表示什么也没有,它有自己的数据类型及 NoneType
True	布尔类型的值,表示真,与 False 相反
and	用于表达式运算,逻辑与操作
assert	断言,用于判断变量或者条件表达式的值是否为真
break	中断循环语句的执行
class	用于定义类
as	用于类型转换
continue	跳出本次循环,继续执行下一次循环
def	用于定义函数或方法

保留关键字	含义
del	删除变量或序列的值
elif	条件语句,与 if、else 结合使用
else	条件语句,与 if、elif 结合使用,也可用于异常和循环语句
except	包含捕获异常后的操作代码块,与 try、finally 结合使用
finally	用于异常语句,出现异常后,始终要执行 finally 包含的代码块,与 try、except 结合使用
for	for 循环语句
from	用于导入模块,与 import 结合使用
global	定义全局变量

2. 常量

常量即为不会变化的量,类似于现实生活中数学的圆周率,在编程语言中的常量在初始化之后不能被修改,但是在 Python 中没有从语法层面定义常量,Python 没有提供关键字或是其他方法来保护常量不被修改,只能够通过程序员的自律和自查或自定义方法来保护常量。

通常按照 Python 程序员的习惯,会在命名常量时全部使用大写字母,以表明此变量是不可修改的。圆周率常量的定义如下所示。

```
PI = 3.14    # 定义圆周率常量,将其名称用大写字母表示,以表明不可修改
```

3. 变量

变量是内存中命名的存储位置,它与常量不同的地方在于它是变换的。在 Python 中定义变量不需要声明等操作,直接对标识符进行赋值操作即可。下面创建一个名为 score 的变量,为其赋值小红的成绩信息,代码 CORE0206 如下所示。

代码 CORE0206

```
score = 98
print(score)    # 在控制台中打印 score 的数值以验证
```

运行结果如图 2-7 所示。

98

图 2-7　输出成绩信息

技能点三　数据类型

Python 变量在使用过程中,每一个变量都必须要赋值,以便 Python 依照数值给变量自

动设定数据类型,当变量被赋值后才会被创建、储存在内存中。Python 中常见的数据类型有数字类型、字符串类型和布尔类型。

1. 数字类型

Python 中的数字类型用于表示数字变量,为后期运算符的使用提供支持,根据数字格式的不同,可以将 Python 中的数字类型分为整数类型和浮点类型。

1)整数类型

在 Python 中的整数类型表示为"int",整数类型的范围取决于当前计算机的硬件,并且在 Python 3 中不再区分整数和长整数,所有的整数都可以是长整数。在 Python 中声明一个数字类型,代码 CORE0207 如下所示。

代码 CORE0207

# 声明一个变量名为 age 的变量,其中保存小红的年龄信息 	
age = 18
# 将小红的年龄信息输出在控制台中 	
print(age)

运行结果如图 2-8 所示。

$$18$$

图 2-8   输出小红的年龄信息

2)浮点类型

在 Python 中的浮点类型表示为"float",浮点类型即为带小数的数字,例如:普通的保留两位小数的"3.14"和科学计数法表示的 3.14E0(表示 3.14×10^0)。在给变量以这两种方式的其中任意一种赋值时,Python 会默认将变量设置为浮点型。声明一个变量名为 height 的变量并存储小红的身高信息,代码 CORE0208 如下所示。

代码 CORE0208

height = 155.5
# 将小红的身高信息打印在控制台中 	
print(height)

运行结果如图 2-9 所示。

$$155.5$$

图 2-9   输出身高信息

2. 字符串类型

在 Python 中的字符串类型可以通过单引号('')、双引号(" ")和三引号(""" """)包围的字符表示,其中由三引号包围的字符可由多行组成,大段的字符串通常使用三引号。下面分别使用单引号、双引号和三引号定义小红的姓名、专业和学校,代码 CORE0209 如下所示。

代码 CORE0209

```
# 声明变量名为 name, major, school 表示姓名、专业、学校
name = ' 小红 '
major = " 软件工程 "
school = ''' 天大
南开
'''
# 将小红的姓名、专业、学校信息打印在控制台中
print(name, major, school)
```

运行结果如图 2-10 所示。

小红　软件工程　天大
南开

图 2-10　输出姓名、专业、学校信息

3. 布尔类型

在 Python 中的布尔类型表示为"bool",其主要用于描述逻辑判断的结果,布尔类型只有两个值,分别为逻辑真和逻辑假,用 True 和 False 表示(首字母必须大写)。声明两个变量名分别为 isLocal、isFailTheExam,用来表示小红是否为本地学生和是否挂科,代码 CORE0210 如下所示。

代码 CORE0210

```
# 是否为本地学生的数值为逻辑真
isLocal = True
# 是否挂科的数值为逻辑假
isFailTheExam = False
# 将两个变量的数值打印,验证是否符合
# 当需要同时输出多个变量时,变量之间用逗号隔开
print(isLocal, isFailTheExam)
```

运行结果如图 2-11 所示。

True False

图 2-11　验证布尔类型值

4. 各数据类型之间的转换

在 Python 变量的运用过程中,可能会出现需要将已有的数据类型转换为另一个数据类型,这时就可以运用 Python 提供的内置函数来实现变量的数据类型转换。常用的数据类型转换函数见表 2-2。

表 2-2   常用的数据类型转换函数及含义

函数格式	含义
int(x)	将变量 x 转换为整数型
float(x)	将变量 x 转换为浮点型
str(x)	将变量 x 转换为字符型
hex(x)	将一个整数 x 转换为一个十六进制字符串
oct(x)	将一个整数 x 转换为一个八进制字符串

声明一个变量后，使用相关函数对变量的数据类型进行转换，代码 CORE0211 如下所示。

代码 CORE0211

```
var1 = 1
# 将 var1 的数据类型从整数型转换为浮点型
float(var1)
# 转换为字符型
str(var1)
# 转换回整数型
int(var1)
# 将整数 1 转换为用十六进制字符串表示
hex(var1)
# 转换回整数型
int(var1)
# 将整数 1 转换为用八进制字符串表示
oct(var1)
```

运行结果如图 2-12 所示。

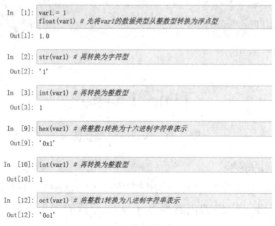

图 2-12   数据类型转换函数

技能点四　运算符

当需要对数据进行操作时，就需要用到运算符，运算符通常与一个或多个操作数组合使用。Python 的运算符主要分为算术运算符、赋值运算符、比较运算符、逻辑运算符、位运算符5 种。

1. 算术运算符

在 Python 中的算术运算符中，有"+""-""*""/""%""**""//"等 7 种算术运算符，主要用于对数字类型变量之间进行相应的数学运算，它们的描述及示例见表 2-3。

表 2-3　算术运算符描述及示例

运算符	描述	示例（以下假设 a=1, b=2）
+	对左右两个操作数进行加法运算	print(a+b)，结果为 3
-	对左右两个操作数进行减法运算	print(a-b)，结果为 -1
*	对左右两个操作数进行乘法运算	print(a*b)，结果为 2
/	对左右两个操作数进行除法运算	print(a/b)，结果为 0.5
%	对左右两个操作数进行取模运算	print(b%a)，结果为 0
**	对左边数进行右边数的次方运算	print(a**b)，结果为 1
//	取左右两边数的商的整数（向下取整）	a=9 b=2 print(a//b)，结果为 4

其中"/"除法运算符在运算时，不论两个操作数的数据类型是否为浮点型，其结果都会被 Python 自动转换为浮点型，而对于其他的算术运算符，如果两个操作数其中一个为浮点型，才会将结果自动转换为浮点型。下面使用"/"运算符对变量执行除法运算，代码CORE0212 如下所示。

代码 CORE0212
a=1 b=2 print(b/a)

运行结果如图 2-13 所示。

2.0

图 2-13　自动转换结果类型为浮点型

2. 赋值运算符

赋值运算符的作用是将运算符右侧的数值赋值给右边的标识符或进行一定运算后再进行赋值操作,常用的赋值运算符与运算符的含义和示例见表 2-4。

表 2-4　常用赋值运算符

运算符	描述	示例(以下假设 a=1,b=2,c=3)
=	将运算符右侧的数值赋值给左侧变量	c = a+b,结果为 3
+=	将运算符右侧的数值与左侧数值的和赋值给左侧变量	c+=a 等同于 c = c+a,结果为 4
−=	将运算符右侧的数值与左侧数值的差赋值给左侧变量	c−=a 等同于 c = c−a,结果为 2
*=	将运算符右侧的数值与左侧数值的积赋值给左侧变量	c*=a 等同于 c = c*a,结果为 3
/=	将运算符右侧的数值与左侧数值的商赋值给左侧变量	c/=a 等同于 c = c/a,结果为 3
%=	将运算符右侧的数值与左侧数值相除的余数赋值给左侧变量	c%=a 等同于 c = c%a,结果为 0
**=	将右侧数值的左侧数值的次方赋值给左侧变量	c**=b 等同于 c = c**b,结果为 9
//=	将运算符右侧的数值与左侧数值的商取整后赋值给左侧变量	c//=b 等同于 c = c//b,结果为 1

3. 比较运算符

比较运算符用于将左右两侧的操作数进行比较运算,通过比较运算符得到的结果为布尔类型数据。常用的比较运算符见表 2-5。

表 2-5　常用的比较运算符

运算符	描述	示例(以下假设 a=1,b=2)
==	判断两个操作数是否相等	a==b,结果为 False
!=	判断两个是否不相等	a!=b,结果为 True
>	判断运算符左侧的数值是否大于右侧数值	a>b,结果为 False
<	判断运算符左侧的数值是否小于右侧数值	a<b,结果为 True
>=	判断运算符左侧的数值是否大于等于右侧数值	a>=b,结果为 False
<=	判断运算符左侧的数值是否小于等于右侧数值	a<=b,结果为 True

4. 逻辑运算符

Python 中的逻辑运算符分为与、或、非 3 种类型,用运算符表示为“and”“or”“not”,其使用方法、描述及示例见表 2-6。

表 2-6　逻辑运算符

运算符	逻辑表达式	描述	示例（以下假设 a=True,b=False）
and	x and y	如果 x 的值为 False,则表达式的结果为 False,否则表达式的结果为 y 的值	a and b,结果为 False
or	x or y	如果 x 的值为非 0 值,则表达式的结果为 x 的值,否则表达式的结果为 y 的值	a or b,结果为 True
not	not x	如果 x 为 True,则表达式的结果为 False,反之返回 True	not(a and b),结果为 True

5. 位运算符

位运算符是将操作数以二进制的形式参与运算,在使用时会将数值转换为二进制后再执行运算,Python 中常用的位运算符的描述及示例见表 2-7。

表 2-7　位运算符

运算符	描述	示例（以下假设 a=60,b=13）
&	参与运算的两个值,如果两个相应位都为 1,则该位的结果为 1,否则为 0	a & b,结果为 12 二进制解释:0000 1100
|	只要对应的 2 个二进位有一个为 1 时,结果位就为 1	a | b,结果为 61 二进制解释:0011 1101
^	当两对应的二进位相异时,结果为 1	a ^ b,结果为 49 二进制解释:0011 0001
~	对数据的每个二进制位取反,即把 1 变为 0,把 0 变为 1。~x 类似于 -x-1	~a,结果为 -61 二进制解释:1100 0011,在一个有符号二进制数的补码形式
<<	运算数的各二进位全部左移若干位,由 << 右边的数字指定了移动的位数,高位丢弃,低位补 0	a << 2,结果为 240 二进制解释: 1111 0000
>>	把"＞＞"左边的运算数的各二进位全部右移若干位,>> 右边的数字指定了移动的位数	a >> 2,结果为 15 二进制解释: 0000 1111

6. 运算符优先级

在 Python 中有如此多的运算符,在组合使用各种不同的运算符时,就会出现优先级的问题,Python 的运算符优先级见表 2-8。

表 2-8　运算符优先级

运算符	描述（优先级由高到低排序）
**	指数
~	按位反转

运算符	描述（优先级由高到低排序）
* / % //	乘, 除, 取模和取整数
+ -	加法, 减法
>> <<	右移, 左移运算符
&	位运算符
^ |	位运算符
<= < > >=	比较运算符
< > == !=	等于运算符
= %= /= //= -= += *= **=	赋值运算符
not and or	逻辑运算符

技能点五　输入与输出

1. 输出语句

输出语句"print()"是 Python 中最常使用的语句之一, 其主要作用是打印输出括号中的内容。print 语句可以直接输出数值、字符串、对象的内容等。下面使用输出语句输出各种信息, 代码 CORE0213 如下所示。

```
代码 CORE0213
# 输出数值型数据
print(100)
# 输出字符串型数据
print(" 输出语句 ")
# 如果需要输出多个字符串型, 可以用逗号隔开, 也可以省略
print(" 小红 ", " 小明 ")
# 如果省略了逗号, 则得到的结果中, 数据之间没有间隔
print(" 小红 "" 小明 ")
a = 10
b = 20
# 多个对象内容需要输出时, 同样需要用逗号隔开
print(a, b)
```

输出结果如图 2-14 所示。

100
输出语句
小红 小明
小红小明
10 20

图 2-14　输出语句

print 语句中还有一个参数"sep"，通过设置这个参数，可以将 sep 的值作为多个字符串之间的分隔符输出。下面通过 sep 将多个字符串使用"."连接，代码 CORE0214 如下所示。

代码 CORE0214
print("www", "baidu", "com", sep = ".")

运行结果如图 2-15 所示。

www.baidu.com

图 2-15　sep 参数

Python 还同样支持格式化输出，格式化是指预先定义一个模板，在模板中预留几个空位，然后根据需要向空位中添加内容，使用字符串格式化运算符"%"将输出项格式化，然后再通过 print 语句按照格式输出，格式化运算符的使用格式如下所示。

print(格式化字符串 %(输出项 1, ... ,输出项 n))

其中的格式化字符串由普通字符与格式说明符组成，普通字符按原样输出，格式说明符则用于指定对应输出项的输出格式。格式说明符以百分号（%）开头，后面跟格式标识符，常用的格式说明符见表 2-9。

表 2-9　格式化说明符

格式说明符	含义
%%	输出百分号
%d	输出十进制整数
%c	输出字符 chr
%s	输出字符串
%o	输出八进制整数
%x 或 %X	输出十六进制整数
%e 或 %E	以科学计数法输出浮点数
%[w][.p]f	以小数形式输出浮点数。数据长度为 w，小数部分有 p 位

当需要输出单个输出项时,将输出项放在字符串格式化运算符后即可。下面将格式说明符使用字符串"小红"进行替换,代码 CORE0215 如下所示。

代码 CORE0215

# 在输出结果中,格式说明符"%s"将会被运算符后的字符串" 小红 "替换 	
print(" 姓名:%s" %" 小红 ")

运行结果如图 2-16 所示。

姓名:小红

图 2-16   格式化输出单个数据

在输出多个输出项时,则需要在格式化运算符后添加一对圆括号,并用逗号分隔开。使用格式化运算符输出多个数据项,代码 CORE0216 如下所示。

代码 CORE0216
print(" 姓名:%s。年龄:%d" %(" 小红 ",20))

运行结果如图 2-17 所示。

姓名:小红。年龄:20

图 2-17   格式化输出多个数据

为了让 Python 的输出有更多样式、更加美观,Python 还给格式化输出提供了格式化操作符,见表 2-10。

表 2-10   格式化操作符

符号	功能
*	定义宽度或者小数点精度
–	将字符串左对齐
+	在数字前显示正负号
<sp>	在整数前面显示空格
#	在八进制数前面显示零 ('0'),在十六进制前面显示 '0x'
0	表示宽度不足时补充 0,而不是补充空格
%	'%%' 输出一个单一的 '%'
m. n.	m 是显示的最小总宽度,n 是小数点后的位数

下面分别使用格式化操作符对输出格式进行设置,代码 CORE0217 如下所示。

代码 CORE0217

```
n = 123456
# %09d 表示最小宽度为 9，左边补 0
print("n(09):%09d" % n)
# %+9d 表示最小宽度为 9，带上符号
print("n(+9):%+9d" % n)
f = 140.5
# %-+010f 表示最小宽度为 10，左对齐，带上符号
print("f(-+0):%-+010f" % f)
s = "Hello"
# %-10s 表示最小宽度为 10，左对齐
print("s(-10):%-10s." % s)
f = 3.141592653
# 最小宽度为 8，小数点后保留 3 位
print("%8.3f" % f)
# 最小宽度为 8，小数点后保留 3 位，左边补 0
print("%08.3f" % f)
# 最小宽度为 8，小数点后保留 3 位，左边补 0，带上符号
print("%+08.3f" % f)
```

在 Jupyter 中的运行结果如图 2-18 所示。

```
n(09):000123456
n(+9):  +123456
f(-+0):+140.500000
s(-10):Hello      .
   3.142
0003.142
+003.142
```

图 2-18　输出格式

2. 输入语句

在程序的编写过程中，往往会有需要根据用户输入的信息来操作的情况，在这种情况下，就需要用到输入语句。输入语句的主要作用是发出让用户输入的请求，随后再带着用户输入的信息返回到程序中，以用于存储或操作。Python 提供了 input() 语句用来获取用户的输入，语法格式如下所示。

```
# prompt 代表的是提示信息
input(prompt)
```

使用 input 语句获取用户的用户名及密码并储存在对应的变量中，代码 CORE0218 如下所示。

代码 CORE0218

```
username = input(' 请输入用户名信息 ')
password = input(' 请输入密码 ')
# 以上两段代码是发出请求并保存用户输入的信息,随后使用输出语句校验
print(' 用户名:', username, ' 密码:', password)
```

运行结果如图 2-19、2-20、2-21 所示。

请输入用户名信息 |

图 2-19　弹出文本框请求输入对应信息

请输入用户名信息xiaohong123

请输入密码 123000

图 2-20　弹出文本框请求输入对应信息

请输入用户名信息xiaohong123
请输入密码123000
　用户名: xiaohong123 密码: 123000

图 2-21　验证用户刚刚输入的信息

通过上面的学习,掌握了 Python 基础语法、变量和常量、数据类型、运算符和输入输出等知识,通过以下几个步骤,实现变量声明以及变量值的运算。

第一步:输入数字并将输入值赋值给变量 a,代码 CORE0219 如下所示。

代码 CORE0219

```
a=input()
a
```

效果如图 2-22 所示。

20

' 20'

图 2-22　输入内容并赋值为 a

第二步：再次输入数字并将输入值赋值给变量 b，代码 CORE0220 如下所示。

代码 CORE0220
b=input() b

效果如图 2-23 所示。

$$10$$

$$'10'$$

图 2-23　输入内容并赋值为 b

第三步：使用 type() 方法分别查看输入内容的数据类型，代码 CORE0221 如下所示。

代码 CORE0221
print("a:",type(a)) print("b:",type(b))

效果如图 2-24 所示。

```
a: <class 'str'>
b: <class 'str'>
```

图 2-24　查看数据类型

第四步：查看数据类型后，发现输入的内容为字符串，这时需要通过 int() 方法将字符串转为数字，之后再次进行查看数据类型，代码 CORE0222 如下所示。

代码 CORE0222

# 转换数据类型 	
a=int(a)
print("a:",a)
b=int(b)
print("b:",b)
# 查看数据类型 	
type_a=type(a)
type_b=type(b)
print("a:",type_a)
print("b:",type_b)

效果如图 2-25 所示。

```
a: 20
b: 10
a: <class 'int'>
b: <class 'int'>
```

图 2-25　数据类型转换

第五步：使用不同的算术运算符进行 a 和 b 变量值的运算，代码 CORE0223 如下所示。

代码 CORE0223

```
# 加法
c=a+b
print("a + b =",c)
# 减法
c=a-b
print("a - b =",c)
# 乘法
c=a*b
print("a * b =",c)
# 除法
c=a/b
print("a / b =",c)
# 取余
c=a%b
print("a % b =",c)
# 幂运算
c=a**b
print("a ** b =",c)
# 向下取整
c=a//b
print("a // b =",c)
```

效果如图 2-26 所示。

```
a + b = 30
a - b = 10
a * b = 200
a / b = 2.0
a % b = 0
a ** b = 10240000000000
a // b = 2
```

图 2-26　算术运算

第五步：使用不同的关系运算符进行 a 和 b 变量值的判断，代码 CORE0224 如下所示。

代码 CORE0224

# a 是否等于 b 	
print("a == b :",a == b)
# a 是否不等于 b 	
print("a != b :",a != b)
# a 是否大于 b 	
print("a > b :",a > b)
# a 是否小于 b 	
print("a < b :",a < b)
# a 是否大于等于 b 	
print("a >= b :",a >= b)
# a 是否小于等于 b 	
print("a <= b :",a <= b)

效果如图 2-27 所示。

```
a == b : False
a != b : True
a > b : True
a < b : False
a >= b : True
a <= b : False
```

图 2-27　关系运算

第六步：使用不同逻辑运算符进行 a 是否等于 1 并且 b 是否等于 3、a 是否等于 1 或者 b 是否等于 3 的判断，代码 CORE0225 如下所示。

代码 CORE0225

# 判断 a 是否等于 1 并且 b 是否等于 3 	
print("a==1 and b==3 :",a==1 and b==3)
# 判断 a 是否等于 1 或者 b 是否等于 3 	
print("a==1 or b==3 :",a==1 or b==3)
# 对 a 是否等于 1 作判断后取反 	
print("not (a==1) :",not (a==1))

效果如图 2-28 所示。

```
a==20 and b==13 : False
a==20 or b==13 : True
not (a==20) : False
```

图 2-28　逻辑运算

第七步：使用赋值运算符对 a 和 b 的值进行赋值运算，代码 CORE0226 如下所示。

```
代码 CORE0226

# a 和 b 相加并赋值给 c
c=a+b
# 输入 a,b,c 的值
print("a :",a,'\t',"b :",b,'\t',"c :",c)
# c 和 a 相加并赋值给 c
c+=a
print("c+=a :",c)
# c 和 a 相减并赋值给 c
c=a+b
c-=a
print("c-=a :",c)
# c 和 a 相乘并赋值给 c
c*=a
print("c*=a :",c)
# c 和 a 相除并赋值给 c
c=a+b
c/=a
print("c/=a :",c)
# c 对 a 进行取余运算并赋值给 c
c=a+b
c%=a
print("c%=a :",c)
# c 对 a 进行幂运算并赋值给 c
c=a+b
c**=a
print("c**=a :",c)
# c 对 a 进行向下取整并赋值给 c
c=a+b
c//=a
print("c//=a :",c)
```

效果如图 2-29 所示。

```
a : 20  b : 10  c : 30
c+=a : 50
c-=a : 10
c*=a : 600
c/=a : 1.5
c%=a : 10
c**=a : 3486784401000000000000000000000
c//=a : 1
```

图 2-29　赋值运算

第八步：使用位运算符对 a 和 b 的值进行位运算，最终效果如图 2-1 所示，代码 CORE0227 如下所示。

```
代码 CORE0227
# a=20：00010100
# b=10：00001010
# 对 a 和 b 执行位与运算，00000000
c=a&b
print("a & b =",c)
# 对 a 和 b 执行位或运算，00011110
c=a|b
print("a | b =",c)
# 对 a 和 b 执行异或运算，00011110
c=a^b
print("a ^ b =",c)
# 对 a 执行取反运算，-00010101
c=~a
print("~a =",c)
# 对 a 执行左移运算，01010000
c=a<<2
print("a << 2 =",c)
# 对 a 执行右移运算，00000101
c=a>>2
print("a >> 2 =",c)
```

至此，Python 运算符操作完成。

本项目通过变量声明及运算操作的实现,使读者对 Python 的语法、常量和变量的声明以及数据类型有了初步了解,对运算符、输入语句、输出语句的使用有所了解和掌握,并能够通过所学 Python 相关知识实现变量的声明和运算。

import	进口	assert	断言
break	打破	continue	持续
except	除了	finally	最后地
global	全球的	float	浮动

一、选择题

(1)Python 中代码的注释有( )种。

A. 1 　　　　　　　B. 2 　　　　　　　C. 3 　　　　　　　D. 4

(2)Python 中的数字类型又具体分为( )种。

A. 1 　　　　　　　B. 2 　　　　　　　C. 3 　　　　　　　D. 4

(3)下列方法中,用于浮点类型强制转换的是( )。

A. int() 　　　　　　B. str() 　　　　　　C. float() 　　　　　　D. hex()

(4)下列运算符中,优先级最高的是( )。

A. % 　　　　　　　B. + 　　　　　　　C. & 　　　　　　　D. ^

(5)下列各式说明符中,表示八进制整数输出的是( )。

A. %d 　　　　　　B. %c 　　　　　　C. %s 　　　　　　D. %o

二、简答题

(1)简述 import 使用时的注意事项。

(2)简述 Python 语言中标识符的命名规则。

项目三　Python 序列

　　本项目通过对白葡萄酒品质分类的实现，使读者了解 Python 的数据结构和序列知识，熟悉如何创建序列以及序列的含义，掌握 Python 创建序列的方法、序列的操作方法，具有使用 Python 序列知识实现白葡萄酒品质分类编写的能力，在任务实施过程中：

- 了解序列的含义；
- 熟悉 Python 序列的基本定义和区别；
- 掌握序列创建和使用方法；
- 具有实现白葡萄酒品质分类程序的能力。

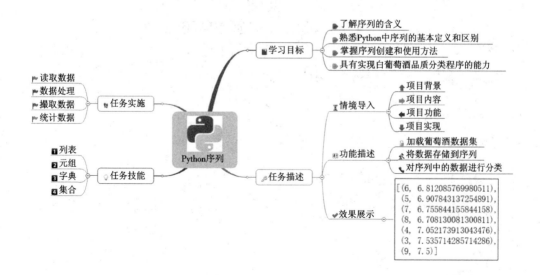

【情境导入】

在一门开发语言中,序列是必不可少的需要学习的重要知识点,通过序列能够将一组数据很好地保存起来然后进行分析,从而节省变量创建的数量。根据不同的数据类型和要求可选用不同类型的序列存储数据,然后对数据进行高效的数据处理和分析,提高工作效率。本项目通过使用 Python 序列的知识,最终完成白葡萄酒品质分类。

【功能描述】

● 加载葡萄酒数据集。
● 将数据存储到序列。
● 对序列中的数据进行分类。

【效果展示】

读者通过对本项目的学习,能够根据不同的需求创建不同类型的序列并将数据添加到序列中,最终完成白葡萄酒品质分类,效果如图 3-1 所示。

$$
\begin{aligned}
[&(6,\ 6.812085769980511),\\
&(5,\ 6.907843137254891),\\
&(7,\ 6.755844155844158),\\
&(8,\ 6.708130081300811),\\
&(4,\ 7.052173913043476),\\
&(3,\ 7.535714285714286),\\
&(9,\ 7.5)]
\end{aligned}
$$

图 3-1　效果图

技能点一　列表

在其他编程语言的开发过程中,经常需要将一组数据存储起来,以便在后续代码中使用。这也就是所说的数组,它可以把多个数据挨个存储到一起通过数组下标可以访问数组中的每个元素。但是,在 Python 中没有数组,而是加入了更加强大的列表。如果把数组看作一个集装箱,那么 Python 的列表就是一个工厂的仓库。

1. 创建列表

Python 中,创建列表的方法可分为 2 种,第一种是将所有元素都放在一对中括号"[ ]"里面,相邻元素之间用逗号","分隔。另一种是使用 list 代指列表,这是因为列表的数据类型就是 list。

1)使用 [ ] 创建列表

使用 [ ] 创建列表后,使用 = 将它赋值给某个变量,语法格式如下所示:

```
one = [element 1 , element 2 , element 3 , ... , element n]
```

one 表示变量名, element 1~ element n 表示列表元素。元素的个数没有限制,只要是 Python 支持的数据类型就可以。列表可以存储整数、小数、字符串、列表、元组等任何类型的数据,并且同一个列表中元素的类型也可以不同。以下定义的列表均为合法列表,代码 CORE0301 如下所示。

```
代码 CORE0301

number= [11, 22, 33, 44, 55, 66, 77, 88, 99]
http = ["http://localhost", "http://www.baidu.com"]
program = ["C 语言 ", "Python", "Java"]
```

使用此方式创建列表时,列表中的元素可以有多个,也可以为空,语法格式如下所示。

```
empty = [ ]
```

这表明,empty 是一个空列表。

2)使用 list() 函数创建列表

在 Python 中提供了一个内置的函数 list(),它可以将其他数据类型转换为列表类型。代码 CORE0302 如下所示。

代码 CORE0302

```python
# 将字符串转换成列表
list1 = list("hello")
print(list1)

# 将元组转换成列表
tuple1 = ('Python', 'Java', 'C++', 'JavaScript')
list2 = list(tuple1)
print(list2)

# 将字典转换成列表
dict1 = {'a':100, 'b':42, 'c':9}
list3 = list(dict1)
print(list3)

# 创建空列表
print(list())
```

效果如图 3-2 所示。

```
['h', 'e', 'l', 'l', 'o']
['Python', 'Java', 'C++', 'JavaScript']
['a', 'b', 'c']
[]
```

图 3-2　其他数据类型转换为列表

2. 访问列表元素

列表是 Python 序列的一种，可以通过索引访问列表中的某个元素，从而得到一个元素的值，也可以使用切片访问列表中的一组元素，得到的是一个新的子列表。

1）序列索引

在序列中，每个元素都有属于自己的索引（编号）。从起始元素开始，索引值从 0 开始递增，如图 3-3 所示。

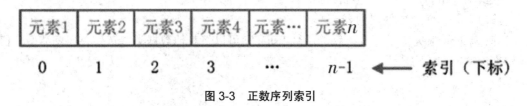

图 3-3　正数序列索引

同时 Python 还支持索引值是负数，此类索引是从右向左计数，从最后一个元素开始计数，从索引值 −1 开始，如图 3-4 所示。

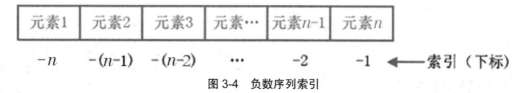

图 3-4　负数序列索引

在使用负值作为列序中各元素的索引值时，是从 −1 开始，而不是从 0 开始。

2）访问列表

列表访问有 2 种方式，分别是索引访问和切片方式访问，索引访问语法格式如下所示。

```
two[i]
```

two 表示列表名字，i 表示索引值。列表的索引可以是正数，也可以是负数。

使用切片访问列表元素的格式，语法格式如下所示。

```
three[start : end : step]
```

参数说明如下所示。

● three 表示列表名字。

● start 表示起始索引（包括该位置）。

● end 表示结束索引（不包括该位置）。

● step 表示在切片过程中，隔几个存储位置（包含当前位置）取一次元素，可以省略。

例如：结合以上两种方法，访问列表元素，代码 CORE0303 如下所示。

代码 CORE0303

```
url = list("http://192.168.10.11.77.88")

# 使用索引访问列表中的某个元素
print(url[3]) # 使用正数索引
print(url[-4]) # 使用负数索引

# 使用切片访问列表中的一组元素
print(url[9: 18]) # 使用正数切片
print(url[9: 18: 3]) # 指定步长
print(url[-6: -1]) # 使用负数切片
```

效果如图 3-5 所示。

```
p
7
['2', '.', '1', '6', '8', '.', '1', '0', '.']
['2', '6', '1']
['.', '7', '7', '.', '8']
```

图 3-5　访问列表

3. 添加列表元素

在开发过程中，经常需要对 Python 列表进行更新，包括向列表中添加元素、修改列表中元素以及删除元素。

1）使用 append() 方法添加元素

append() 方法用于在列表的末尾追加元素，append() 方法的语法格式如下。

```
five.append(obj)
```

five 表示要添加元素的列表；obj 表示添加到列表末尾的数据，它可以是单个元素，也可以是列表、元组等，代码 CORE0304 如下所示。

代码 CORE0304

```
l = ['Python', 'C++', 'Java']
# 追加元素
l.append('H5')
print(l)
# 追加元组，整个元组被当成一个元素
t = ('JavaScript', 'C#', 'Go')
l.append(t)
print(l)
# 追加列表，整个列表也被当成一个元素
l.append(['Ruby', 'SQL'])
print(l)
```

效果如图 3-6 所示。

```
['Python', 'C++', 'Java', 'H5']
['Python', 'C++', 'Java', 'H5', ('JavaScript', 'C#', 'Go')]
['Python', 'C++', 'Java', 'H5', ('JavaScript', 'C#', 'Go'), ['Ruby', 'SQL']]
```

图 3-6　添加元素

根据结果可看出，当使用 append() 方法传递列表或者元组时，此方法会将它们视为一个整体，作为一个元素添加到列表中，从而形成包含列表和元组的新列表。

2）使用 extend() 方法添加元素

extend() 和 append() 的不同之处在于：extend() 不会把列表或者元组视为一个整体，而是把它们包含的元素逐个添加到列表中。extend() 方法的语法格式如下所示。

```
five.extend(obj)
```

five 指的是要添加元素的列表；obj 表示要添加到列表末尾的数据，它可以是单个元素，也可以是列表、元组等，但不能是单个的数字。代码 CORE0305 如下所示。

```
代码 CORE0305
l = ['Python', 'C++', 'Java']
# 追加元素
l.extend('PHP')
print(l)


# 追加元组,元组被拆分成多个元素
t = ('JavaScript', 'C#', 'Go')
l.extend(t)
print(l)


# 追加列表,列表也被拆分成多个元素
l.extend(['Ruby', 'SQL'])
print(l)
```

效果如图 3-7 所示。

```
['Python', 'C++', 'Java', 'P', 'H', 'P']
['Python', 'C++', 'Java', 'P', 'H', 'P', 'JavaScript', 'C#', 'Go']
['Python', 'C++', 'Java', 'P', 'H', 'P', 'JavaScript', 'C#', 'Go', 'Ruby', 'SQL']
```

图 3-7 extend() 方法添加元素

3）使用 insert() 方法插入元素

使用 insert() 方法可以在列表中间某个位置插入元素,而 append() 和 extend() 方法只能在列表末尾插入元素。insert() 方法语法格式如下所示。

```
five.insert(index , obj)
```

index 表示指定位置的索引值。insert() 将 obj 插入到 five 列表第 index 个元素的位置。当插入列表或者元组时,insert() 也会将它们视为一个整体,作为一个元素插入到列表中,与 append() 是一样的,代码 CORE0306 如下所示。

```
代码 CORE0306
l = ['Python', 'C++', 'Java']
# 插入元素
l.insert(1, 'C')
print(l)


# 插入元组,整个元组被当成一个元素
t = ('C#', 'Go')
l.insert(2, t)
```

```
print(l)

# 插入列表,整个列表被当成一个元素
l.insert(3, ['Ruby', 'SQL'])
print(l)

# 插入字符串,整个字符串被当成一个元素
l.insert(0, "http://ww.baidu.com")
print(l)
```

效果如图 3-8 所示。

```
['Python', 'C', 'C++', 'Java']
['Python', 'C', ('C#', 'Go'), 'C++', 'Java']
['Python', 'C', ('C#', 'Go'), ['Ruby', 'SQL'], 'C++', 'Java']
['http://ww.baidu.com', 'Python', 'C', ('C#', 'Go'), ['Ruby', 'SQL'], 'C++', 'Java']
```

图 3-8   insert() 方法添加元素

insert() 主要用来在列表的中间位置插入元素,如果只希望在列表的末尾追加元素,建议使用 append() 和 extend()。

4. 删除列表

对于已经创建的列表,如果不再使用,可以使用 del 关键字将其删除。实际开发中并不经常使用 del 来删除列表,因为 Python 自带的垃圾回收机制会自动销毁无用的列表,即使开发者不手动删除,Python 也会自动将其回收。del 关键字的语法格式如下所示。

```
del four
```

参数说明如下。

● four 表示要删除列表的名称。

使用 del 关键字删除列表,代码 CORE0307 如下所示。

代码 CORE0307

```
onelist = [1, 2, 3, 4]
print(onelist)
del onelist
print(onelist)
```

效果如图 3-9 所示。

```
[1, 2, 3, 4]
───────────────────────────────────────────────────────
NameError                                Traceback (most recent call last)
<ipython-input-7-882a39c818f6> in <module>
      2 print(onelist)
      3 del onelist
───> 4 print(onelist)

NameError: name 'onelist' is not defined
```

图 3-9   删除列表

技能点二 元组

在 Python 中元组（tuple）是另一个重要的序列结构。与列表类似，元组是由一系列按特定顺序排序的元素组成的。但是列表的元素是可以更改的，包括修改元素值、删除和插入元素，是可变序列。而元组一旦被创建，它的元素就不可更改了，所以元组是不可变序列，通常情况下，元组用于保存无须修改的内容。

1. 创建元组

元组的所有元素都放在一对小括号（）中，相邻元素之间用逗号"，"分隔。在 Python 中提供了 2 种创建元组的方法。

1）使用（）直接创建

通过（）创建元组后，使用 = 将它赋值给某个变量，语法格式如下所示。

tupleone = (element 1, element 2, ..., element n)

tupleone 表示变量名，element 1 ~ element n 表示元组的元素。

在 Python 中，元组通常使用一对小括号将所有元素包围起来，但小括号不是必须的，只要将各元素用逗号隔开，Python 就会将其视为元组，代码 CORE0308 如下所示。

代码 CORE0308

```
course = "Python 教程 ", "JavaScript 教程 "
print(course)
```

效果如图 3-10 所示。

('Python教程', 'JavaScript教程')

图 3-10 创建元组

需要注意的是，当创建的元组中只有一个字符串类型的元素时，该元素后面必须要加一个逗号，否则 Python 解释器会视其为字符串。代码 CORE0309 如下所示。

代码 CORE0309

```
# 最后加上逗号
a =("http://www.baidu.com",)
print(type(a))
print(a)
# 最后不加逗号
b = ("http://www.baidu.com")
print(type(b))
print(b)
```

效果如图 3-11 所示，此时只有变量 a 才是元组，变量 b 是一个字符串。

```
<class 'tuple'>
('http://www.baidu.com',)
<class 'str'>
http://www.baidu.com
```

图 3-11   只包含一个字符串的元组

2）使用 tuple() 函数创建元组

Python 有内置的函数 tuple()，可以将其他数据类型转换为元组类型。tuple() 函数的语法格式如下。

> tuple(data)

data 表示可以转化为元组的数据，包括字符串、元组、range 对象或其他可迭代对象。使用 tuple() 函数创建元组，代码 CORE0310 如下所示。

代码 CORE0310

```
# 将字符串转换成元组
tup1 = tuple("nihao")
print(tup1)
# 将列表转换成元组
list1 = ['Python', 'Java', 'C++', 'JavaScript']
tup2 = tuple(list1)
print(tup2)
# 将字典转换成元组
dict1 = {'a':100, 'b':42, 'c':9}
tup3 = tuple(dict1)
print(tup3)
# 创建空元组
print(tuple())
```

效果如图 3-12 所示。

```
('n', 'i', 'h', 'a', 'o')
('Python', 'Java', 'C++', 'JavaScript')
('a', 'b', 'c')
()
```

图 3-12   tuple() 函数创建元组

2. 访问元组元素

与列表类似，可以使用索引访问元组中的某个元素，会得到一个元素的值，也可以使用切片访问元组中的一组元素,可得到一个新的子元组。

1)使用索引访问元组元素

使用索引访问元组元素的语法格式如下所示。

tuplename[i]

tuplename 表示元组名字,i 表示索引值。元组的索引可以是正数,也可以是负数。代码 CORE0311 如下所示。

代码 CORE0311

```
url = tuple("http://www.baidu.com")
# 使用索引访问元组中的某个元素
print(url[3]) # 使用正数索引
print(url[-4]) # 使用负数索引
```

效果如图 3-13 所示。

p

图 3-13 索引访问元组

2)使用切片访问元组元素

使用切片访问元组元素,语法格式如下所示。

tuplename[start : end : step]

tuplename 表示元组名字, start 表示起始索引, end 表示结束索引, step(步长)表示在切片过程中,隔几个存储位置(包含当前位置)取一次元素,默认步长为 1,可以省略。代码 CORE0312 如下所示。

代码 CORE0312

```
url = tuple("http://www.baidu.com")
# 使用切片访问元组中的一组元素
print(url[5: 11]) # 使用正数切片
print(url[5: 11: 3]) #指定步长
print(url[-6: -1]) # 使用负数切片
```

效果如图 3-14 所示。

('/', '/', 'w', 'w', 'w', '.')
('/', 'w')
('d', 'u', '.', 'c', 'o')

图 3-14 切片访问元组

3. 修改元组

由上述内容可知,元组是不可变序列,元组中的元素不能被修改,所以只能创建一个新的元组去替代旧的元组。对元组变量进行重新赋值，代码 CORE0313 如下所示。

代码 CORE0313

```
tup = (1, 2, -36, 7)
print(tup)
# 对元组进行重新赋值
tup = ('Python',"http://www.baidu.com")
print(tup)
```

效果如图 3-15 所示。

```
(1, 2, -36, 7)
('Python', 'http://www.baidu.com')
```

图 3-15 修改元组

此外，除以上方式外，还可以通过连接多个元组（用"+"）的方式向元组中添加新元素，代码 CORE0314 如下所示。

代码 CORE0314

```
tup1 = (100, 200, -36, 13)
tup2 = (88, -54.6, 99)
print(tup1+tup2)
print(tup1)
print(tup2)
```

效果如图 3-16 所示。

```
(100, 200, -36, 13, 88, -54.6, 99)
(100, 200, -36, 13)
(88, -54.6, 99)
```

图 3-16 连接多个元组

使用"+"拼接元组以后，tup1 和 tup2 的内容没法发生改变，说明生成的是一个新的元组。

4. 删除元组

如果创建的元组不再使用时，可以通过 del 关键字将其删除。代码 CORE0315 如下所示。

代码 CORE0315

```
tup = ('Java 教程 ',"Python 教程 ")
print(tup)
del tup
print(tup)
```

效果如图 3-17 所示。

```
('Java教程', 'Python教程')
_____
NameError                                    Traceback (most recent call last)
<ipython-input-15-9c3916de56ed> in <module>
      2 print(tup)
      3 del tup
----> 4 print(tup)

NameError: name 'tup' is not defined
```

图 3-17　删除元组

注意,在 Python 中有"垃圾回收"的功能,会自动销毁不用的元组,一般不需要通过 del 来手动删除,了解即可。

技能点三　字典

在 Python 中,字典(dict)是一种无序的、可变的序列,它的元素以键值对的形式存储,它是 Python 中唯一的映射类型。而列表和元组都是有序的序列,它们的元素在底层是挨着存放的。字典结构如图 3-18 所示。

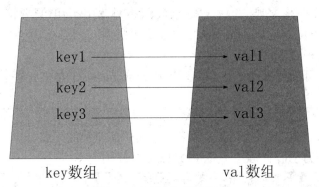

图 3-18　映射关系示意图

1. 创建字典

Python 字典通过键来读取元素,是任意数据类型的无序集合并且可变,可以任意嵌套,但是字典中的键必须唯一且不可变, Python 中字典的类型就相当于 Java 中的 Map 对象。可以通过以下几方式来创建字典。

1）使用"{}"创建字典

由于字典中每个元素都包含键（key）和值（value），因此在创建字典时，键和值之间使用冒号"："分隔，相邻元素之间使用逗号"，"分隔，使用"{ }"创建字典的语法格式如下所示。

```
testname = {'key':'value1', 'key2':'value2', ..., 'keyn':valuen}
```

testname 表示字典变量名，keyn : valuen 表示各个元素的键值对。需要注意的是，同一字典中的各个键必须唯一，不能重复。代码 CORE0316 如下所示。

代码 CORE0316

```
# 使用字符串作为 key
one = {'Java': 95, 'C 语言 ': 92, 'Pyhon': 84}
print(one)
# 使用元组和数字作为 key
dict1 = {(20, 30): 'great', 30: [1,2,3]}
print(dict1)
# 创建空元组
dict2 = {}
print(dict2)
```

效果如图 3-19 所示。

```
{'Java': 95, 'C语言': 92, 'Pyhon': 84}
{(20, 30): 'great', 30: [1, 2, 3]}
{}
```

图 3-19   {}创建字典

结合运行结果可知，字典的键可以是整数、字符串或者元组，只要符合唯一和不可变的特性即可；字典的值可以是 Python 支持的任意数据类型。

2）通过 fromkeys() 方法创建字典

在 Python 中，可以使用 dict 字典类型提供的 fromkeys() 方法创建带有默认值的字典，具体格式如下。

```
dictname = dict.fromkeys(list, value=None)
```

dictname 表示字典变量名，list 参数表示字典中所有键的列表（list）；value 参数表示默认值，如果不写，则为空值 None。代码 CORE0317 如下所示。

代码 CORE0317

```
project = [' 语文 ', ' 数学 ', ' 英语 ']
scores = dict.fromkeys(project, 60)
print(scores)
```

效果如图 3-20 所示。

$$\{'语文': 60, '数学': 60, '英语': 60\}$$

图 3-20 fromkeys() 方法

根据运行结果可知,project 列表中的元素全部作为 scores 字典的键,每个键对应的值都是 60。这种创建方式通常用于初始化字典,设置 value 的默认值。

3)通过 dict() 映射函数创建字典

通过 dict() 映射函数创建字典的写法有多种,常用方式见表 3-1。

表 3-1　通过 dict() 映射函数创建字典的常用写法

格式	说明
a = dict(str1=value1, str2=value2, str3=value3)	str 表示字符串类型的键,value 表示键对应的值。使用此方式创建字典时,字符串不能带引号

# 方式 1 	
demo = [('two',2), ('one',1), ('three',3)]
# 方式 2 	
demo = [['two',2], ['one',1], ['three',3]]
# 方式 3 	
demo = (('two',2), ('one',1), ('three',3))
# 方式 4 	
demo = (['two',2], ['one',1], ['three',3])
a = dict(demo)
	向 dict() 函数传入列表或元组,而它们中的元素又各自是包含 2 个元素的列表或元组,其中第一个元素作为键,第二个元素作为值

keys = ['one', 'two', 'three'] # 还可以是字符串或元组
values = [1, 2, 3] # 还可以是字符串或元组
a = dict(zip(keys, values))
	通过应用 dict() 函数和 zip() 函数,可将前两个列表转换为对应的字典

注意,无论采用哪种方式创建字典,字典中各元素的键只能是字符串、元组或数字,不能是列表。列表是可变的,不能作为键。如果不给 dict() 函数传入任何参数,代表创建一个空的字典。

2. 访问字典

字典中的元素是无序的,每个元素的位置都不固定,所以在字典中通过键来访问对应的值,无法像列表和元组那样,采用切片的方式一次性访问多个元素。

访问字典元素的格式如下所示。

> dictname[key]

dictname 表示字典变量的名字,key 表示键名。注意,键必须是存在的,否则会抛出异常。代码 CORE0318 如下所示。

代码 CORE0318

```
tup = (['two',22], ['one',11], ['three',33], ['four',-44])
dic = dict(tup)
print(dic['one'])  # 键存在
print(dic['five'])  # 键不存在
```

效果如图 3-21 所示。

```
11


_____

KeyError                                    Traceback (most recent call last)
<ipython-input-18-5943e72da138> in <module>
      2 dic = dict(tup)
      3 print(dic['one'])   #键存在
----> 4 print(dic['five'])   #键不存在

KeyError: 'five'
```

图 3-21　访问字典

除上述方法外，Python 中还可使用 dict 类型提供的 get() 方法来获取指定键对应的值。当指定的键不存在时，get() 方法不会抛出异常。使用格式如下所示。

dictname.get(key[,default])

dictname 表示字典变量的名字，key 表示指定的键，default 用于指定要查询的键不存在时，返回的默认值，如果不指定，则返回 None。代码 CORE0319 如下所示。

代码 CORE0319

```
test = dict(one=0.1, two=0.2, three=0.3, four=0.4)
print( test.get('one') )
```

效果如图 3-22 所示。

```
_____

0.1
```

图 3-22　get() 方法访问字典

当键不存在时，get() 返回空值 None，如需明确提示用户该键不存在，可以手动设置 get() 的第二个参数，代码 CORE0320 如下所示。

代码 CORE0320

```
test = dict(one=0.1, two=0.2, three=0.3, four=0.4)
print( test.get('five',' 该键不存在 ') )
```

效果如图 3-23 所示。

该键不存在

图 3-23　get() 访问不存在的键

3. 删除字典

在 Python 中可以使用 del 关键字删除字典，与删除列表、元组一样。格式如下。

```
del test
```

代码 CORE0321 如下所示。

代码 CORE0321

```
test = dict(one=0.1, two=0.2, three=0.3, four=0.4)
print( test )
del test
print(test)
```

效果如图 3-24 所示。

```
{'one': 0.1, 'two': 0.2, 'three': 0.3, 'four': 0.4}
```

```
NameError                                Traceback (most recent call last)
<ipython-input-21-5cba404f4380> in <module>
      2 print( test )
      3 del test
----> 4 print(test)

NameError: name 'test' is not defined
```

图 3-24　删除字典

Python 自带垃圾回收功能，会自动销毁不用的字典，所以一般不需要通过 del 来手动删除，了解即可。

4. 操作字典的键值对

字典属于可变序列，可以任意操作字典中的键值对。在 Python 中，常见的字典操作包括添加新的键值对、修改键值对、删除指定的键值对、判断字典中是否存在指定的键值对。

1）添加新的键值对

在 Python 中为字典添加新的键值对时，直接给不存在的 key 赋值即可，语法格式如下所示。

```
dictname[key] = value
```

dictname 表示字典名称，key 表示新的键。value 表示新的值，但必须是 Python 支持的数据类型。代码 CORE0322 如下所示。

代码 CORE0322

```
a = {'java':95}
print(a)
# 添加新键值对
a['C 语言 '] = 89
print(a)
# 再次添加新键值对
a['HTML'] = 90
print(a)
```

效果如图 3-25 所示。

```
{'java': 95}
{'java': 95, 'C语言': 89}
{'java': 95, 'C语言': 89, 'HTML': 90}
```

图 3-25　添加键值对

2）修改键值对

字典中各元素的键必须是唯一的，所以不能被修改。如果新添加元素的键与已存在元素的键相同，那么键所对应的值就会被新的值替换掉，以此达到修改元素值的目的。代码 CORE0323 如下所示。

代码 CORE0323

```
a = {'java': 95, 'C 语言 ': 89, 'HTML': 90}
print(a)
a['java'] = 100
print(a)
```

效果如图 3-26 所示。

```
{'java': 95, 'C语言': 89, 'HTML': 90}
{'java': 100, 'C语言': 89, 'HTML': 90}
```

图 3-26　修改键值对

通过效果图可以看到，字典中没有再添加一个 {'java':100} 键值对，而是对原有键值对 {'java': 95} 中的 value 作了修改。

3）删除指定的键值对

直接使用 del 语句可以删除字典中的键值对。代码 CORE0324 如下所示。

> 代码 CORE0324
>
> ```
> # 使用 del 语句删除键值对
> a = {'java': 95, 'C 语言 ': 89, 'HTML': 90}
> del a['java']
> del a['C 语言 ']
> print(a)
> ```

效果如图 3-27 所示。

$$\{'HTML' : \ 90\}$$

图 3-27　删除指定的键值对

4）判断字典中是否存在指定的键值对

想要判断字典中是否存在指定的键值对，首先应判断字典中是否有对应的键。可以使用 in 或 not in 运算符进行判断。代码如下所示。

```
a = {'java': 95, 'C 语言 ': 89, 'HTML': 90}
# 判断 a 中是否包含名为 'java' 的 key
print('java' in a) # True
# 判断 a 是否包含名为 'Pyhon' 的 key
print('Pyhon' in a) # False
```

效果如图 3-28 所示。

```
True
False
```

图 3-28　判断字典中键值对是否存在

通过 in（或 not in）运算符，可以很轻易地判断出现有字典中是否包含某个键，通过键又可以获取对应的值，所以能判断出字典中是否有指定的键值对。

技能点四　集合

Python 中的集合用来保存不重复的元素，与数学中的集合概念一样，元素都是唯一的。同一集合中，只能存储不可变的数据类型，包括整形、浮点型、字符串、元组，无法存储列表、字典、集合这些可变的数据类型，否则 Python 解释器会抛出" TypeError"错误。在形式上和字典类似，将所有元素放在一对大括号" {}"中，相邻元素之间用","分隔。

1. 创建集合

Python 中有 2 种集合类型，一种是 set 类型的集合，另一种是 frozenset 类型的集合，set

类型集合可以进行添加、删除元素的操作，而 forzenset 类型集合不可以。本节主要介绍 set 类型集合，Python 提供了 2 种创建 set 集合的方法，分别是使用"{}"创建和使用 set() 函数将列表、元组等类型数据转换为集合。

1）使用"{}"创建

使用"{}"创建 set 集合可以像列表、元素和字典一样，直接将集合赋值给变量，从而实现创建集合的目的，语法格式如下所示。

```
name = {element 1,element 2,...,element n}
```

使用"{}"创建集合，代码 CORE0325 如下所示。

代码 CORE0325

```
a = {6,'a',9,(1,2,3),'7'}
print(a)
```

运行结果如图 3-29 所示。

$$\{'a', \ 6, \ 9, \ (1, \ 2, \ 3), \ '7'\}$$

图 3-29　{}创建集合

2）使用 set() 函数创建集合

set() 函数为 Python 的内置函数，可以将字符串、列表、元组、range 对象等可迭代对象转换成集合。其语法格式如下所示。

```
name = set(iteration)
```

iteration 表示字符串、列表、元组、range 对象等数据。

使用 set() 函数创建集合，代码 CORE0326 如下所示。

代码 CORE0326

```
set1 = set("www.baidu.com")
set2 = set([1,2,3,4,5])
set3 = set((1,2,3,4,5))
print("set1:",set1)
print("set2:",set2)
print("set3:",set3)
```

效果如图 3-30 所示。

```
set1: {'w', 'c', 'b', 'u', 'a', 'i', 'o', '.', 'm', 'd'}
set2: {1, 2, 3, 4, 5}
set3: {1, 2, 3, 4, 5}
```

图 3-30　set() 函数创建集合

2. 访问 set 集合元素

集合当中的元素是无序的,因此无法像列表那样使用下标访问元素。在 Python 中,访问集合元素最常用的方法是使用循环结构,将集合中的数据逐一读取出来。代码 CORE0327 如下所示。

代码 CORE0327

```
a = {1,'b',2,(1,2,3),'d'}
for ele in a:
    print(ele,end=' ')
```

效果如图 3-31 所示。

1 2 b (1, 2, 3) d

图 3-31 访问集合元素

上述代码涉及循环结构,只需初步了解即可,后续会介绍循环结构的使用。

3. 删除 set 集合

与其他序列类型一样,函数集合类型也可以使用 del() 语句进行删除,代码 CORE0328 如下所示。

代码 CORE0328

```
a = {1,'b',2,(1,2,3),'d'}
print(a)
del(a)
print(a)
```

效果如图 3-32 所示。

```
{1, 2, 'b', (1, 2, 3), 'd'}


NameError                                 Traceback (most recent call last)
<ipython-input-29-3658215bb948> in <module>
      2 print(a)
      3 del(a)
----> 4 print(a)

NameError: name 'a' is not defined
```

图 3-32 删除集合

4. set 集合基本操作

在 Python 中 set 集合最常用的操作是向集合中添加、删除元素,以及集合之间进行交集、并集、差集等运算。在对 set 集合进行操作之前先了解一下 set 集合中所提供的一些方法。通过 dir(set) 命令即可查看具体的方法。如图 3-33 所示。

```
>>> dir(set)
['__and__', '__class__', '__contains__', '__delattr__', '__dir__', '__doc__', '_
_eq__', '__format__', '__ge__', '__getattribute__', '__gt__', '__hash__', '__ian
d__', '__init__', '__init_subclass__', '__ior__', '__isub__', '__iter__', '__ixo
r__', '__le__', '__len__', '__lt__', '__ne__', '__new__', '__or__', '__rand__',
'__reduce__', '__reduce_ex__', '__repr__', '__ror__', '__rsub__', '__rxor__', '_
_setattr__', '__sizeof__', '__str__', '__sub__', '__subclasshook__', '__xor__',
'add', 'clear', 'copy', 'difference', 'difference_update', 'discard', 'intersect
ion', 'intersection_update', 'isdisjoint', 'issubset', 'issuperset', 'pop', 'rem
ove', 'symmetric_difference', 'symmetric_difference_update', 'union', 'update']
>>>
```

图 3-33   set 集合基本操作

Set 集合常用方法的结构以及功能，见表 3-2。

表 3-2   Python set 方法

方法	语法	说明
add()	set1.add()	向集合中添加数字、字符串、元组或者布尔类型
clear()	set1.clear()	清空集合中所有元素
copy()	set2 = set1.copy()	拷贝 set1 集合给 set2
discard()	set1.discard(elem)	删除 set1 中的 elem 元素
difference()	set3 = set1.difference(set2)	将 set1 中有而 set2 没有的元素给 set3
difference_update()	set1.difference_update(set2)	从 set1 中删除与 set2 相同的元素
remove()	set1.remove(elem)	删除 set1 中的 elem 元素

1）添加元素

在 Python 中可以使用 add() 方法向 set 集合中添加元素。语法格式如下所示。

```
setname.add(element)
```

setname 表示要添加元素的集合，element 表示要添加的元素内容。代码 CORE0329 如下所示。

代码 CORE0329

```
a = {6,5,7}
a.add((1,2))
print(a)
a.add([1,2])
print(a)
```

效果如图 3-34 所示。

```
{(1，2)，5，6，7}
```

```
TypeError                                  Traceback (most recent call last)
<ipython-input-30-6fc1e07714ea> in <module>
      2 a.add((1,2))
      3 print(a)
----> 4 a.add([1,2])
      5 print(a)

TypeError: unhashable type: 'list'
```

图 3-34　添加元素

由以上结果可知，使用 add() 方法添加的元素，只能是数字、字符串、元组或者布尔类型（True 和 False）值，不能添加列表、字典、集合这类可变的数据，否则 Python 解释器会报"TypeError"错误。

2）删除元素

在 Python 中可以使用 remove() 方法删除 set 集合中的指定元素，语法格式如下所示。

setname.remove(element)

注意，如果被删除元素不包含在集合中，则此方法会抛出"KeyError"错误。代码CORE0330 如下所示。

代码 CORE0330
a = {1,2,3,4,5} a.remove(1) print(a) a.remove(6) print(a)

效果如图 3-35 所示。

```
{2，3，4，5}
```

```
KeyError                                   Traceback (most recent call last)
<ipython-input-31-c1703a048cf7> in <module>
      2 a.remove(1)
      3 print(a)
----> 4 a.remove(6)
      5 print(a)

KeyError: 6
```

图 3-35　删除元素

在 Python 中，还有另外一种方法 discard()，与 remove() 方法的用法完全相同，主要区别是当删除集合中元素失败时，此方法不会抛出任何错误。代码 CORE0331 如下所示。

> 代码 CORE0331
>
> ```
> a = {1,2,3,4,5}
> a.remove(1)
> print(a)
> a.discard(6)
> print(a)
> ```

效果如图 3-36 所示。

$$\{2, \ 3, \ 4, \ 5\}$$
$$\{2, \ 3, \ 4, \ 5\}$$

图 3-36　内置方法删除元素

3）set 集合运算

在集合中经常要进行交集、并集、差集以及对称差集运算。参考图 3-37 的两个集合进行分析。

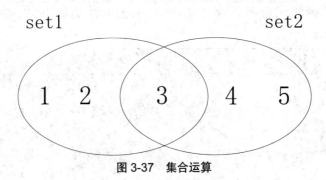

图 3-37　集合运算

图 3-37 中有 2 个集合，set1={1,2,3} 和 set2={3,4,5}，它们既有相同的元素，也有不同的元素。以这两个集合为例，分别作不同运算，结果见表 3-3。

表 3-3　集合操作

运算操作	运算符	说明	案例
交集	&	表示两个集合公共的部分	set1 & set2 {3}
并集	|	合并两个集合	set1 | set2 {1,2,3,4,5}
差集	-	取一个集合中另一集合没有的元素	set1 - set2 {1,2} set2 - set1 {4,5}
对称差集	^	取两集合中非公共的元素	set1 ^ set2 {1,2,4,5}

5. frozenset 集合

frozenset 集合与 set 集合不同,是不可变序列,程序不能改变序列中的元素。比如 set 集合中的 remove()、add() 等,frozenset 都不支持,set 集合中不改变集合本身的方法,frozenset 都支持。当集合的元素不需要改变或者程序要求必须是不可变对象时,可以使用 fronzenset 替代 set,这样更安全。例如字典的键(key)就要求是不可变对象。

对于 frozenset 集合的案例,代码 CORE0332 如下所示。

代码 CORE0332

a = {' 语文 ',' 数学 ',' 英语 '}
fs = frozenset([' 历史 ',' 地理 '])
s_sub = {' 物理 ',' 化学 '}
# 向 set 集合中添加 frozenset 	
a.add(fs)
print('a =', a)

# 向 set 集合添加子 set 集合 	
a.add(s_sub)
print('a =', a)

效果如图 3-38 所示。

```
a = {frozenset({'历史', '地理'}), '语文', '英语', '数学'}
_____

TypeError                        Traceback (most recent call last)
<ipython-input-33-6b56073d08b8> in <module>
      6 print('a =', a)
      7 #向为set集合添加子set集合
----> 8 a.add(s_sub)
      9 print('a =', a)

TypeError: unhashable type: 'set'
```

图 3-38　frozenset 集合

需要注意的是,set 集合本身的元素必须是不可变的,所以 set 的元素不能是 set,只能是 frozenset。上述代码 set 中添加 frozenset 是没问题的,因为 frozenset 是不可变的;后边尝试向 set 集合中添加子 set,这是不允许的,因为 set 是可变的。

通过上面的学习,使读者掌握 Python 序列相关数据结构的定义和操作,通过以下几个步骤实现白葡萄酒品质分类。

第一步：读取本地 csv 文件中包含的白葡萄酒品质数据，并获取第一行的数据，代码 CORE0333 如下所示。

代码 CORE0333
| ```
# 打开 csv 文件
f=open("white_wine.csv")
# 按行读取第一行数据
line = f.readline()
line
``` |

效果如图 3-39 所示。

```
'fixed acidity,volatile acidity,citric acid,residual suga
r,chlorides,free sulfur dioxide,total sulfur dioxide,densi
ty,pH,sulphates,alcohol,quality\n'
```

图 3-39　获取第一行数据

第二步：定义一个空列表 content，之后通过 while 语句实现数据的按行读取，并在读取数据后，去除换行符并按“,”进行分割，然后将分割后的内容添加到列表 content 中，最后获取前两行数据，代码 CORE0334 如下所示。

代码 CORE0334
| ```
# 定义列表
content = []
# 循环读取数据
while line:
    # 去除换行符 \n
    line=line.strip('\n')
    # 按“,”分割字符串
    line=line.split(",")
    # 将分割后的内容添加到列表中
    content.append(line)
    # 读取下一行数据
    line = f.readline()
# 关闭文件
f.close()
# 获取列表的前两个元素
content[:2]
``` |

效果如图 3-40 所示。

[['固定酸度,
　"挥发性酸度",
　'柠檬酸',
　"残糖",
　'氯化物',
　"游离二氧化硫",
　"总二氧化硫",
　'密度',
　'pH',
　"硫酸盐",
　'酒精,
　'质量'],
　['7',
　'0.27',
　'0.36',
　'20.7',
　'0.045',
　'45',
　'170',
　'1.001',
　'3',
　'0.45',
　'8.8',
　'6']]

图 3-40　获取列表前两行数据

第三步：新建用于保存每个样本的品质等级的列表 qualities，之后使用 for 语句对 content 中除第一行后的数据进行遍历，并获取每行最后一个元素，在将其转换为整数类型后添加到列表 qualities 中，最后将列表 qualities 集合化后保存到变量 unity_quality 中，代码 CORE0335 如下所示。

```
代码 CORE0335
# 定义列表
qualities = []
# 循环读取除第一行后的数据
for row in content[1:]:
    # 获取最后一个元素并添加到 qualities 中
    qualities.append(int(row[-1]))
# 将列表转换为集合
unity_quality = set(qualities)
unity_quality
```

效果如图 3-41 所示。

$$\{3,\ 4,\ 5,\ 6,\ 7,\ 8,\ 9\}$$

图 3-41　统计品质

第四步：将数据按白葡萄酒等级 quality 切分为 10 个子集，保存到一个用于存储子数据集的字典中,字典的键为 quality 具体数值,值为归属于该 quality 的样本列表,代码 CORE0336 如下所示。

代码 CORE0336

```
# 新建字典
content_dict = {}
# 对 content 除第一行外进行 for 循环
for row in content[1:]:
    # 选取 quality 变量的值并将其转为 int 类型
    quality = int(row[-1])
    # 对 content_dict 键是否存在进行判断
    # 如果不存在
    if quality not in content_dict.keys():
        # 新建键 quality,并初始赋值为一个只有这一行内容的列表
        content_dict[quality] = [row]
    # 如果存在
    else:
        # 对该键进行内容的增添
        content_dict[quality].append(row)
# 获取字典中的键
content_dict.keys()
```

效果如图 3-42 所示。

$$dict\_keys([6, 5, 7, 8, 4, 3, 9])$$

图 3-42　等级划分

第五步:创建一个空集合,之后通过循环方式统计出每个本质的样本量,代码 CORE0337 如下所示。

代码 CORE0337

```
# 创建集合
number_tuple=[]
# 对字典包含的内容进行遍历
for key, value in content_dict.items():
    # 统计样本量
    number_tuple.append((key, len(value)))
number_tuple
```

效果如图 3-43 所示。

[(6, 1539), (5, 1020), (7, 616), (8, 123), (4, 115),
(3, 14), (9, 4)]

图 3-43　统计每个品质的样本量

第六步:获取每个数据集中 fixed acidity 的均值,也就是统计每种样本的固定酸度,最终
效果如图 3-1 所示,代码 CORE0338 如下所示。

```
代码 CORE0338
# 新建列表
mean_tuple=[]
# 对字典包含的内容进行遍历
for key, value in content_dict.items():
    # 初始值
    sum_ = 0
    # 对酸碱度进行遍历
    for row in value:
        # 计算总酸碱度
        sum_ += float(row[0])
    # 获取酸碱度均值并添加到列表中
    mean_tuple.append((key, sum_/len(value)))
mean_tuple
```

至此,白葡萄酒品质分类完成。

本项目通过对白葡萄酒品质分类的实现,使读者对列表、元组、字典和集合的创建方法
和每个序列的区别有了初步了解,对 Python 中序列的访问和常用操作方法有所了解并掌握
使用方法,并能通过所学的 Python 相关知识,实现白葡萄酒品质分类项目。

| element | 要素 | start | 开始 |
| number | 数字 | step | 步骤 |

empty	空的	url	网址
list	列表	append	追加
three	三	extend	延伸

一、选择题

（1）Python 列表中索引 -1 代表第几个元素（　　　）。

A. 倒数第二个　　　　　　B. 第一个　　　　　　C. 最后一个　　　　　D、第二个

（2）列表中以追加方式添加元素的方法是（　　）种。

A. add()　　　　　　　　B. insert()　　　　　　C. extend()　　　　　D. append()

（3）结合中 set 方法用于向集合中添加数字、字符串、元组或者布尔类型的方法是（　　　）。

A. discard(elem)　　　　B. add()　　　　　　　C. remove(elem)　　　D. append

（4）集合的交集运算符为（　　　）。

A. &　　　　　　　　　　B. and　　　　　　　　C. |　　　　　　　　　D. n

二、简答题

（1）简述什么是列表，列表中能存储哪些数据。

（2）元组与列表的缺点。

项目四　Python 流程控制

　　本项目通过通勤公交费用计算程序的实现,使读者了解流程控制语句的功能,熟悉 Python 中流程控制语句中包含的常用方法,掌握使用流程控制语句实现判断循环等操作方法,具有使用 Python 流程控制语句控制程序执行流程的能力,在任务实施过程中:

● 了解 Python 流程控制语句。

● 熟悉流程控制语句的使用场景。

● 掌握 Python 中流程控制语句的使用方法。

● 具有进行程序执行流程控制的能力。

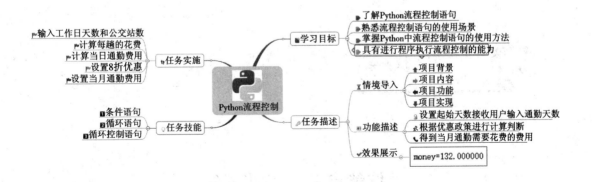

【情境导入】

随着国家大力提倡节能环保,保护人类赖以生存的自然环境,越来越多的人开始选择乘坐公共交通工具出行,这样能够做到低碳节能,降低二氧化碳排放,但对于普通民众来说,如何乘坐交通工具也是一门学问,目前各公交线路都会出台优惠政策,合理使用这些政策能够节约开支,但使用人工计算比较费时费力,若使用程序解决此问题会事半功倍,本项目将通过使用 Python 的流程控制知识编写计算通勤公交优惠的计算器。

【功能描述】

● 设置起始天数接收用户输入通勤天数。
● 根据优惠政策进行计算判断。
● 得到当月通勤需要花费的费用。

【效果展示】

读者通过对本项目的学习,能够实现使用流程控制语句控制程序的实行顺序,并实现通勤计算器,效果如图 4-1 所示。

money=132.000000

图 4-1　效果图

技能点一　条件语句

条件语句是用来判断给定的条件是否满足表达式不为 0 的值,并且根据判断的结果是真或假从而决定执行的语句,选择结构就是用条件语句来实现的。

条件语句可以给定一个判定的条件,并且在程序执行的过程中判断该条件是否成立,从而根据判断结果执行不同的操作,改变执行顺序,实现更多功能。

1. "if" 语句

条件语句属于分支结构,掌握条件语句的使用方法,可以选择让程序去执行指定的代码块。

在 Python 条件语句中,可以通过一条或者多条语句的执行结果 (True 或 False) 来决定执行的代码块。"if" 语句执行流程如图 4-2 所示。

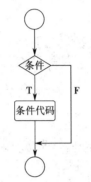

图 4-2　if 语句流程图

"if" 语句也叫单分支语句,它是选择结构语句中最常用的语句。

其中 "表达式" 条件可以是任何一个表达式,若 "语句" 为 "真" 则执行大括号包裹的语句块,否则不执行。

在 Python 编程中,"if" 语句用于控制程序的执行,语法格式如下。

if 表达式 A:
语句块 A

在 "if" 语句结构中,表达式 A 确定程序的执行流程,当表达式 A 为真时(布尔值为 True),则执行语句块 A,当表达式 A 为假时(布尔值为 Flase),则不执行语句块 A。需要注意的是,表达式 A 后面的冒号 ":" 不能省略,语句块 A 需要注意缩进的格式。

具体实现方法如下。

编写一个程序,主要功能是实现用户所输入的数字不等于 0。代码 CORE0401 如下所示。

代码 CORE0401

```
i = input(" 请输入一个数字 :")
i = int(i)
if i!=0:
    print(" 运行成功！i 不等于 0！i = ",i)
if i==0:
    print(" 运行成功！i = 0！")
```

效果如图 4-3 所示。

请输入一个数字:10
运行成功！i不等于0！i = 10

图 4-3 判定输入的数字不等于 0

2. "if…else…" 语句结构

当程序中需要对一个条件的 2 种不同结果进行判断从而执行不同的代码时，就需要使用"if…else"语句了，"if…else"语句也叫双分支语句，如图 4-4 所示。

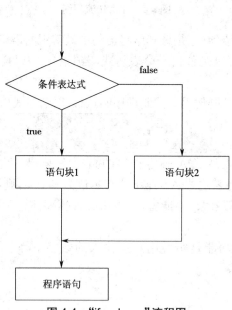

图 4-4 "if…else…"流程图

当"条件表达式"的结果为"true"时，执行"语句块 1"；当"条件表达式"的结果为"false"时，执行"语句块 2"。语法格式如下所示。

```
if 表达式 A:
语句块 A
else
    语句块 B
```

在"if…else…"语句结构中,若表达式 A 为真,则执行语句块 A,否则就会执行语句块 B。

用户输入一个数字,判定输入的数字是否大于 10。代码 CORE0402 如下所示。

代码 CORE0402

```
   i = input(" 请输入一个数字 :")
i = int(i)
if i>0:
print(" 运行成功,i 大于 0,i = ",i)
else:
   print(" 运行成功,i 小于或等于 0")
```

效果如图 4-5 所示。

请输入一个数字:10
运行成功,i大于0, i = 10

图 4-5　判定输入的数字是否大于 10

3. "if…elif…else"语句结构

"if…elif…else"语句也叫多分支语句,它是一种多者择一的多分支结构,它利用多个条件选择执行不同的语句,得到不同的结果,流程如图 4-6 所示。

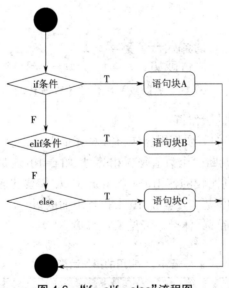

图 4-6　"if…elif…else"流程图

"if…elif…else"语句主要适用于表达式是一个范围的情况。语法格式如下所示。

```
if 表达式 A：
语句块 A
elif 表达式 B：
语句块 B
…… 其他的 elif 语句块
else：
    语句块 C
```

在"if…elif…else"语句结构中，若表达式 A 为真，则执行语句块 A。若表达式 B 为真，则执行语句块 B。均不满足时，则执行语句块 C。需要注意，elif 语句可以有多个。

具体实现如下。判断数字大于、小于或等于 0，代码 CORE0403 如下所示。

代码 CORE0403

```
i = input(" 请输入一个数字 :")
i = int(i)
if i>0:
    print(" 运行成功,i 大于 0,i = ",i)
elif i<0:
    print(" 运行成功,i 小于 0,i = ",i)
else:
    print(" 运行成功,i 等于 0")
```

效果如图 4-7 所示。

请输入一个数字:-1
运行成功，i小于0，i = -1

图 4-7　判断数字大于、小于或等于 0

4. 条件语句中可使用的操作符

当使用"if"判断时，我们需要使用操作符来对变量进行比较，如 a>b 这条语句表达的意思是 a 大于 b。如果需要判断两个数值是否相等时，如 a=10，这是错误的形式，在 Python 中"="是赋值符，并不会起到比较的作用，在 Python 中，如果要比较两个数是否相等，应该使用"=="，如 a==10，表示的意思为 a 等于 10 去执行下面的语句。

Python 中有很多操作符，具体操作符见表 4-1。

表 4-1　常用的操作运算符

操作符	描述
<	小于
<=	小于或等于
>	大于

操作符	描述
>=	大于或等于
==	等于,比较两个值是否相等
!=	不等于

5. "if"嵌套

Python 中,"if""if… else"和"if… elif… else"之间可以相互嵌套。因此,在开发程序时,需要根据场景需要,选择合适的嵌套方案。需要注意的是,在相互嵌套时,一定要严格遵守不同级别代码块的缩进规范。

在嵌套"if"语句中,可以把"if…else"结构放在另外一个"if… else"结构中,同样也可以将"if…else"结构和"if…elif…else"结构互相嵌套。语法格式如下所示。

```
if 表达式 1:
  语句 A
  if 表达式 2:
    语句 B
  elif 表达式 3:
    语句 C
  else:
    语句 D
elif 表达式 4:
  语句 E
else:
  语句 F
```

具体实现如下。

编写程序,其功能是让用户输入一个数字,判定数字是否在 0~5、5~10,大于 10 或者小于等于 0 这 4 个条件中。代码 CORE0404 如下所示。

代码 CORE0404

```
  i = input(" 请输入一个数字 :")
i = int(i)
if i>0:
  if i>0 and i<5:
    print(" 运行成功,i 大于 0 或 i 小于 5,i = ",i)
  elif i>=5 and i<10:
    print(" 运行成功,i 大于等于 5 或 i 小于 10,i = ",i)
  else:
    print(" 运行成功,i 大于等于 10,i=",i)
```

```
else:
    print(" 运行成功,i 小于或等于 0")
```

效果如图 4-8 所示。

请输入一个数字:10
运行成功，i大于等于10，i= 10

图 4-8 判定数字区间

编写一个面试程序,面试者输入自身条件,如条件符合公司要求,系统自动发送"已录用"进行反馈,如果不符合公司条件,系统自动回复"您不符合本公司任职条件"并且返回不符合的条件。代码 CORE0405 如下所示。

代码 CORE0405

```
# 任务实例
print("*****************************************************")
print("*        欢迎使用 ×× 公司招聘员工系统            *")
print("* 以下是招聘要求:                              *")
print("*            1. 年龄在 25 至 45 岁之间          *")
print("*            2. 专业:软件工程、图形设计师、计算机网络  *")
print("*****************************************************")
name = input(" 请输入您的名字:")
age = int(input(" 请输入您的年龄:"))
major = input(" 请输入您的专业:")

if age<25 or age>45:
    print(" 您的年龄不符合我们的标准。感谢您的参与！谢谢 ")
else :

    if major == " 软件工程 ":
        print(" 您已被开发部门录用,薪资面谈 ")
    elif major == " 计算机科学 ":
        print(" 您已被设计部门录用,薪资面谈 ")
    elif major == " 计算机网络 ":
        print(" 您已被网络安全部门录用,薪资面谈 ")
    else :
        print(" 您的专业不符合我们的标准。感谢您的参与！谢谢 ")
```

效果如图 4-9 所示。

```
********************************************************************
*              欢迎使用XX公司招聘员工系统                         *
*    以下是招聘要求：                                             *
*              1. 年龄在25至45岁之间                              *
*              2. 专业：软件工程、图形设计师、计算机网络          *
********************************************************************
请输入您的名字：王
请输入您的年龄：35
请输入您的专业：软件工程
您已被开发部门录用，薪资面谈
```

图 4-9　面试程序结果图

技能点二　循环语句

循环语句属于循环结构，需要重复执行语句块时必须要用到它。循环语句结构有"while"循环和"for"循环，具体形式结构如下。

1. "while"循环

在 Python 中，"while"循环和"if"条件分支语句类似，即在条件（表达式）为真的情况下，会执行相应的代码块，执行流程如图 4-10 所示。

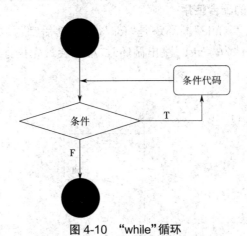

图 4-10　"while"循环

不同之处在于，只要条件为真，"while"就会一直重复执行那段代码块。语法格式如下所示。

while 表达式 A：
循环语句块

同样需要注意的是："while"循环中，需要注意冒号和缩进。另外，在 Python 中是没有"do…while"循环的。

具体实现如下。

使用"while"循环输出 1 到 100 的总和，代码 CORE0406 如下所示。

代码 CORE0406

```
i = 1
sum = 0
while i <= 100:
    sum += i
    i+=1
print(" 总和为：",sum)
```

效果如图 4-11 所示。

总和为： 5050

图 4-11 输出 1 到 100 总和

注意，在使用"while"循环时，一定要保证循环条件有变成假的时候，否则这个循环将成为一个死循环。所谓死循环，指的是无法结束循环的循环结构，例如将上面"while"循环中的 i += 1 代码注释掉，再运行程序时会发现，Python 解释器一直在执行 "sum+= i"，永远不会结束（因为 i<=100 一直为 True），除非我们强制关闭解释器。

2. "while"和"else"的配合使用

在 Python 中，无论是"while"循环还是"for"循环，其后都可以紧跟着一个"else"代码块，它的作用是当循环条件为"False"跳出循环时，程序会最先执行"else"代码块中的代码，执行流程如图 4-12 所示。

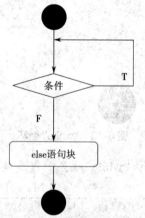

图 4-12 "while"和"else"的流程图

语法格式如下。

```
while 条件语句:
    语句块 A
else:
    语句块 B
```

具体实现如下。

循环输入数字,判断数字大小,输入数字大于 10 结束循环,代码 CORE0407 如下所示。

代码 CORE0407

```
i = 0;
while i<=10:
    i = input(" 请输入一个数字:")
    i = int(i)
else:
    print(" 输入的数字大于 10,结束循环,您输入的数数字:",i)
```

效果如图 4-13 所示。

```
请输入一个数字: 5
请输入一个数字: 1
请输入一个数字: 6
请输入一个数字: 7
请输入一个数字: 8
请输入一个数字: 99
输入的数字大于10，结束循环，您输入的数数字： 99
```

图 4-13　while…else 组合

3. "for" 循环

Python 中的循环语句有 2 种,分别是"while"循环和"for"循环,前面章节已经对"while"作了详细的讲解。"for"循环语句的执行流程如图 4-14 所示。

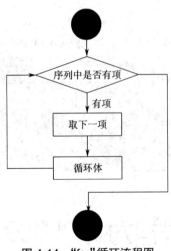

图 4-14　"for" 循环流程图

本节给大家介绍"for"循环,它常用于遍历字符串、列表、元组、字典、集合等序列类型,逐个获取序列中的各个元素。语法格式如下。

for 条件表达式:
代码块 A

格式中,迭代变量用于存放从序列类型变量中读取出来的元素,所以一般不会在循环中对迭代变量手动赋值;代码块指的是具有相同缩进格式的多行代码(和"while"一样),由于和循环结构联用,因此代码块又称为循环体。

具体实现如下。

定义一个字符串"人生苦短,我用 Python",使用"for"循环进行遍历输出,代码 CORE0408 如下所示。

代码 CORE0408
str = " 人生苦短,我用 Python "   for ch in str: 　　print(ch)

效果如图 4-15 所示。

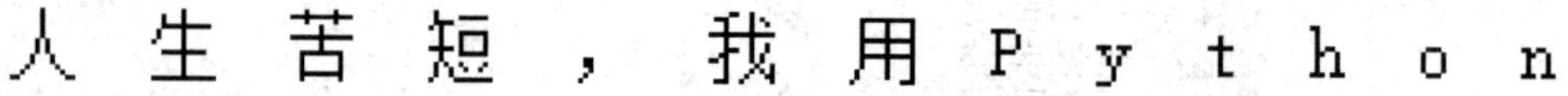

图 4-15　for 循环进行遍历输出

可以看到,使用"for"循环遍历 str 字符串的过程中,迭代变量 ch 会先后被赋值为 str 字符串中的每个字符,并代入循环体中使用。只不过例子中的循环体比较简单,只有一行输出语句。

1)"for"循环进行数值循环操作

在使用"for"循环时,最基本的应用就是进行数值循环。比如说,想要实现从 1 到 100 的累加。

具体实现如下。

使用"for"循环实现 1~100 数字总和。代码 CORE0409 如下所示。

代码 CORE0409
sum = 0   for i in range(101):   　　sum+=i   print(sum)

效果如图 4-16 所示。

图 4-16　for 循环实现 1~100 数字总和

2）for 循环遍历列表和元组

当用 for 循环遍历 list 列表或者 tuple 元组时,其迭代变量会先后被赋值为列表或元组中的每个元素并执行一次循环体。

具体实现如下。

定义一个列表,使用"for"循环进行遍历输出。代码 CORE0410 如下所示。

代码 CORE0410

```
list1 = [1,2,3,4,5,6,7,8,9]
for i in list1:
    print(i,end=" ")
```

效果如图 4-17 所示。

1 2 3 4 5 6 7 8 9

图 4-17　使用"for"循环进行遍历输出

3）for 循环遍历字典

在使用 for 循环遍历字典时,经常会用到和字典相关的 3 个方法,即 items()、keys() 以及 values(),它们各自的用法已经在前面章节中讲过,这里不再赘述。当然,如果使用"for"循环直接遍历字典,则迭代变量会被先后赋值为每个键值对中的键。

具体实现如下。

定义一个字典,使用"for"循环进行遍历输出。代码 CORE0411 如下所示。

代码 CORE0411

```
my_dic = {'python 教程 ':"http:// python/",\
        'shell 教程 ':"http://shell/",\
        'java 教程 ':"http:// java/"}
for ele in my_dic:
    print('ele =', ele)
```

效果如图 4-18 所示。

ele = python教程
ele = shell教程
ele = java教程

图 4-18　for 循环进行遍历输出字典

因此,直接遍历字典,和遍历字典 keys() 方法的返回值是相同的。

4. range() 函数

在实际场景中,经常需要存储一组数字。例如在一些成绩中,需要存储每名学生的成绩,还可能需要判断最高分和最低分。在数据可视化中,处理的几乎都是由数字(如温度、距离、人口数量、经度和纬度等)组成的集合。

列表非常适用于存储数字集合,并且 Python 提供了 range() 函数,可帮助我们高效地处理数字列表,即便列表需要包含数百万个元素,也可以快速实现。语法格式如下所示。

```
range(start, stop[, step])
```

参数说明见表 4-2。

表 4-2   range() 函数参数说明表

参数名	描述
start	计数从 start 开始。默认从 0 开始。例如:range(5)等价于 range(0, 5)
stop	计数到 stop 结束,但不包括 stop。例如:range(0, 5) 是 [0, 1, 2, 3, 4] 没有 5
step	步长,默认为 1。例如:range(0, 5)等价于 range(0, 5, 1)

range() 函数能够轻松地生成一系列的数字。例如,可以像如下这样使用 range() 来打印一系列数字。

具体实现如下。

使用 range() 函数输出 1~10。代码 CORE0412 如下所示。

```
代码 CORE0412

for i in range(1,11,1):
    print(i,end=" ")
```

效果如图 4-19 所示。

1 2 3 4 5 6 7 8 9 10

图 4-19   使用 range() 函数输出 1~10

5. 迭代器

迭代是 Python 中最强大的功能之一,是访问集合元素的一种方式。迭代器的作用是迭代需要重复进行某一操作,主要是要依赖上一次的结果继续往下做,如果中途有任何停顿,都不能算是迭代。

迭代器有两个最基本的方法:iter() 和 next()。代码 CORE0413 如下所示。

```
代码 CORE0413

 list=[1,2,3,4]
it = iter(list) # 创建迭代器对象
for x in it:
print (x, end=" ")#end 的作用是将每个数据输出后,输出引号中的内容。
```

效果如图 4-20 所示。

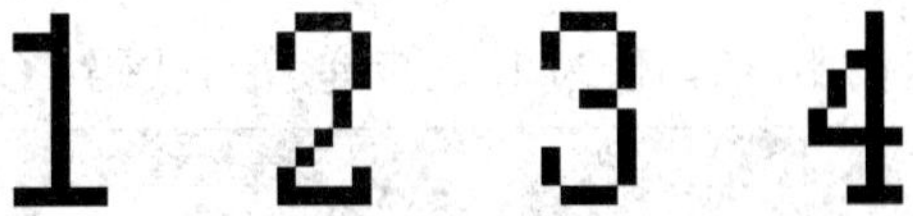

图 4-20 迭代器基本的方法

在上面的测试例子中,使用 iter 函数为列表 l 创建了一个迭代器 it, 然后用"for"循环遍历 it 达到访问列表的目的。由此可见迭代器 it 用来访问列表 l 的一个对象。本质上是一个对象。

当然代码 0514 也同样可以使用 next() 方法实现。代码 CORE0414 如下所示。

代码 CORE0414

```
import sys        # 引入 sys 模块
list=[1,2,3,4]
it = iter(list)   # 创建迭代器对象
while True:
  try:
    print (next(it))
  except StopIteration:
    sys.exit()
```

效果如图 4-21 所示。

图 4-21 next() 方法

创建一个迭代器,把一个类作为一个迭代器使用时,需要在类中实现 2 个方法:__iter__() 与 __next__()。

当创建一个新类时,类中会包含一个构造函数,Python 的构造函数为 __init__(),它会在对象初始化时执行。__iter__() 方法返回一个特殊的迭代器对象,这个迭代器对象实现了 __

next__() 方法并通过 StopIteration 异常标识迭代的完成。__next__() 方法会返回下一个迭代器对象。

创建一个返回数字的迭代器，初始值为 1，逐步递增 1，代码 CORE0415 如下所示。

代码 CORE0415

```
class MyNumbers:
  def __iter__(self):
    self.a = 1
    return self
  def __next__(self):
    x = self.a
    self.a += 1
    return x
myclass = MyNumbers()
myiter = iter(myclass)
print(next(myiter))
print(next(myiter))
print(next(myiter))
print(next(myiter))
print(next(myiter))
```

效果如图 4-22 所示。

图 4-22　返回数字的迭代器

StopIteration 异常用于标识迭代的完成，防止出现无限循环的情况，在 __next__() 方法中可以设置在完成指定循环次数后触发 StopIteration 异常来结束迭代。

在 10 次迭代后停止执行，代码 CORE0416 如下所示。

代码 CORE0416

```
class MyNumbers:
  def __iter__(self):
    self.a = 1
    return self
  def __next__(self):
    if self.a <= 10:
      x = self.a
      self.a += 1
      return x
    else:
      raise StopIteration
myclass = MyNumbers()
myiter = iter(myclass)
for x in myiter:
  print(x,end=" ")
```

效果如图 4-23 所示。

1 2 3 4 5 6 7 8 9 10

图 4-23

技能点三　循环控制语句

循环控制语句可以更改语句执行的顺序。Python 支持以下循环控制语句：pass 语句，continue 语句和 break 语句。

1. pass 语句

pass 语句的主要作用就是占位，让代码整体完整。如果定义一个函数执行部分为空，或一个判断语句写好了之后还没想好满足条件需要执行的内容，后期才会使用，但是由于没有填写执行内容函数和判断就会报错，这种情况就可以用 pass 来进行填坑。

具体实现如下。pass 语句效果展示，代码 CORE0417 如下所示。

代码 CORE0417

```
for i in "Python":
    if i == "h":
        pass
        print(" 这是 pass 语句 ")
    print(" 字母:",i)
```

效果如图 4-24 所示。

```
字母： P
字母： y
字母： t
这是pass语句
字母： h
字母： o
字母： n
```

图 4-24　pass 语句

2. break 语句

Python 中的 break 语句,就像在 C 语言中,打破了最小封闭 for 或 while 循环。break 语句用来终止循环语句,即循环条件没有 False 条件或者序列还没被完全递归完,也会停止执行循环语句。break 语句用在 while 和 for 循环中。如果在使用嵌套循环,break 语句将停止执行最深层的循环,并开始执行下一行代码。

具体实现如下:代码 CORE0418 如下所示。

代码 CORE0418

```
for i in "Python":
    if i == "h":
        print(" 这是 break 语句 ")
        break
    print(" 字母:",i)
```

效果如图 4-25 所示。

```
字母: P
字母: y
字母: t
这是break语句
```

图 4-25　break 语句

3. continue 语句

在 Python 中，continue 语句跳出本次循环，而 break 跳出整个循环。continue 语句用来告诉 Python 跳过当前循环的剩余语句，然后继续进行下一轮循环。continue 语句用在 while 和 for 循环中。

具体实现如下：代码 CORE0419 如下所示。

代码 CORE0419

for i in "Python":
　if i == "h":
　　print(" 这是 continue 语句 ")
　　continue
　print(" 字母：",i)

效果如图 4-26 所示。

```
字母: P
字母: y
字母: t
这是continue语句
字母: o
字母: n
```

图 4-26　continue 语句

通过以上学习，使读者可以了解 Python 流程控制语句的使用方法，为了巩固所学的知识，通过以下几个步骤实现使用 Python 流程控制语句计算每天通勤公交费用。

第一步：设置乘坐公交的起始天数为一天，设置起始金额为 0，并且设置让用户自行输入本月的工作日天数和公交站数。示例代码 CORE0420 如下所示。

```
代码 CORE0420
days = 1                          # 表示天数
workday = int(input(" 输入工作日天数:"))  # 表示工作日天数
distance =int(input(" 输入距离:"))        #distance 表示距离
money = 0                         # 初始金额为 0
```

运行结果如图 4-27 所示。

输入工作日天数：22
输入距离：12

图 4-27　设置基础数值

第二步：设置 while 循环将循环累加天数控制在用户输入的 workday 之内，并在 while
循环内设置初始趟数为 1，判断用户输入的距离是否为 0，如果为 0 则退出程序，最后使用
while 循环分别计算每趟的花费，代码 CORE0421 如下所示。

```
代码 CORE0421
while days <= workday: # 控制 20 天
    j = 1 #j 表示趟数
    if distance == 0:
        break
while j <= 2 : # 每天两趟
j += 1
days += 1
print("money=%f"%money)
```

第三步：循环变量设置完成后，开始编写计算费用的 if 判断代码，由于站数不同和月总
通勤费用的变化，费用也会不同，下面计算当月通勤费用在 50 元以下时的费用计算方法，示
例代码 CORE0422 如下所示。

```
代码 CORE0422
while days <= workday: # 控制 20 天
    j = 1 #j 表示趟数
    if distance == 0:
        break
    while j <= 2 :
        if money < 50:
            if distance <= 4:
                money += 2
            elif 5 < distance and distance <= 10:
```

```
        money += 3
    elif 10 < distance and distance <= 20:
        money += 4
    elif 20 < distance and distance <= 30:
        money += 5
    elif distance > 30:
        money += (distance - 30)%18
    j += 1
days += 1
print("money=%f"%money)
```

结果如图 4-28 所示。

money=57.000000

图 4-28　无打折计算结果

第四步：设置当月通勤总费用在 50 到 100 元之间的部分会有 8 折优惠，在 if money < 50: 中添加代码，代码 CORE0423 如下所示。

代码 CORE0423

```
    if money < 50:
        ······.
elif money >= 50 and money <= 100:
    if distance <= 4:
        money += 2*0.8
    elif 4 < distance and distance <= 10:
        money += 3*0.8
    elif 10 < distance and distance <= 20:
        money += 4*0.8
    elif 20 < distance and distance <= 3:
        money += 5*0.8
    elif distance > 30:
        money += ((distance - 30)%20)*0.8
    j += 1
days += 1
print("money=%f"%money)
```

结果如图 4-29 所示。

money=100.000000

图 4-29   八折后计算结果

第五步：设置当月通勤费用在 100 到 350 元之间的部分按 5 折计算，大于 350 元的部分按原价计算，在 if money < 50: 中添加代码，最终效果如图 4-1 所示，代码 CORE0424 如下所示。

代码 CORE0424

```
    if money < 50:
        …….
elif money >= 100 and money <= 350:
        if distance <= 4:
            money += 2*0.5
        elif 4 < distance and distance <= 10:
            money += 3*0.5
        elif 10 < distance and distance <= 20:
            money += 4*0.5
        elif 20 < distance and distance <= 30:
            money += 5*0.5
        elif distance > 30:
            money += ((distance − 30)%20)*0.5
    elif money >= 350 :
        if distance <= 4:
            money += 3
        elif 4 < distance and distance <= 10:
            money += 4
        elif 10 < distance and distance <= 20:
            money += 5
        elif 20 < distance and distance <= 30:
            money += 6
        elif distance >= 30:
            money += (distance − 30)%20
    j += 1
days += 1
print("money=%f"%money)
```

至此，通勤费用计算器完成。

本项目通过通勤费用计算器的实现,使读者对 Python 的流程空值方法有了初步的了解,并分别对 if、while 等流程控制语句有所了解并掌握了使用方法,并能够通过所学的 Python 流程控制实现通勤费用计算器的实现。

else	其他的	and	和
core	核心	print	打印
input	输入	finally	最后
if	如果	while	虽然

一、选择题

(1)当需要根据两个条件判断需要进行何种操作时使用(　　)。

A. while 语句　　　　　　B. if···else 语句　　　C. break　　　D. continue

(2)当需要跳出循环体时使用(　　)。

A. continue　　　　　　B. end　　　C. pass　　　D. break

(3)跳出本次循环的语句是(　　)。

A. continue　　　　　　B. break　　　C. pass　　　D. end

(4)range 函数中用于指定计数开始位置的是(　　)。

A. start　　　　　　B. head　　　C. stop　　　D. step

二、简答题

(1)简述 if 语句的功能。

(2)简述循环语句的功能。

项目五　Python 字符串操作与正则表达式

学习目标

　　本项目通过登录操作的实现,使读者了解字符串的相关概念,熟悉字符串的操作,掌握正则表达式的组成和使用,具有使用字符串和正则表达式等知识实现登录操作的能力,在任务实现过程中:

- 了解字符串相关函数的使用。
- 熟悉字符串的格式化。
- 掌握正则表达的概念及使用。
- 具有实现登录操作的能力。

学习路径

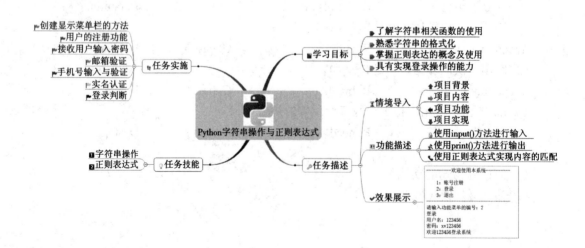

【情境导入】

　　用户登录狭义上可理解为电脑用户为进入某一项应用程序而进行的一项基本操作，以便该用户可以在该网站上进行相应的操作。通过用户登录操作，由用户输入用户名及密码，然后确认进入，可以有效地区分操作人是该程序的用户还是非用户，有利于保障双方权益。本项目通过对字符串操作函数使用以及正则表达式使用等相关知识的学习，最终实现用户登录操作的模拟。

【功能描述】

　　● 使用 input() 方法进行输入。
　　● 使用 print() 方法进行输出。
　　● 使用正则表达式实现内容的匹配。

【效果展示】

　　读者通过对本项目的学习，能够通过字符串操作函数、正则表达式等知识的使用，实现用户登录操作的模拟，效果如图 5-1 所示。

```
----------欢迎使用本系统----------

        1：账号注册
        2：登录
        3：退出

--------------------------------
请输入功能菜单的编号：2
登录
用户名：123456
密码：xv123456
欢迎123456登录系统
```

图 5-1　总数据

技能点一　字符串操作

1. 字符串内置函数

在 Python 中，字符串是一个非常重要的知识，使用字符串可以实现很多功能，比如比对用户输入的字符串和系统默认的字符串是否匹配或在使用 Python 语言开发 web 程序或其他应用程序时，时常会接收用户输入的信息，如果用户在输入过程中由于误操作输入多余的空格或输入的内容不符合长度规范，都需要使用特定的方法对其进行操作，我们称之为字符串操作。Python 中常用的字符串操作见表 5-1。

表 5-1　Python 常用字符操作方法

方法	说明
strip()	删除字符串两边的指定字符，默认为空格
lstrip ()	删除字符串左边的指定字符，默认为空格
rstrip()	删除字符串右边的指定字符，默认为空格
find()	检测字符串中是否包含指定的字符序列，如果指定范围 beg 和 end，则检查是否包含在指定范围内，如果包含，返回开始的索引值，否则返回 –1
index()	与 find() 方法一样，区别为如果 str 不在字符串中会报异常
len()	获取字符串长度
lower()	将字符串全部转换为小写
upper()	将字符串全部转换为大写
swapcase()	大小写互换
capitalize()	将首字母转换为大写
center()	将字符串放入中心位置可指定长度以及位置两边字符
count()	统计字符串中指定字符串的数量
replace	替换字符串中指定字符
split()	按指定字符分隔字符串

上述函数可以大致分为 5 类，分别为去空格、替换、查找、获取、分割等。

1）去空格函数

去空格函数能够将字符串中的指定字符替换为空（默认为空），最常见的使用方式是将空格替换为空，常用函数包括 strip()、lstrip () 和 rstrip()，语法格式如下所示。

```
str.strip([chars])
str.lstrip ([chars])
str.rstrip([chars])
```

参数说明如下所示。

● str：表示要处理的字符串。

● chars：表示字符串中要处理的字符序列。

定义一个包含空格的字符串，并使用上述 3 个函数将字符串中的所有空格替换为空，代码 CORE0501 如下所示。

代码 CORE0501
a=' Hello Python '　　　#定义字符串 a.strip()　　　　　　　#删除字符串两边的空格 a.lstrip()　　　　　　　#删除字符串左边的空格 a.rstrip()　　　　　　　#删除字符串右边的空格

结果如图 5-2 所示。

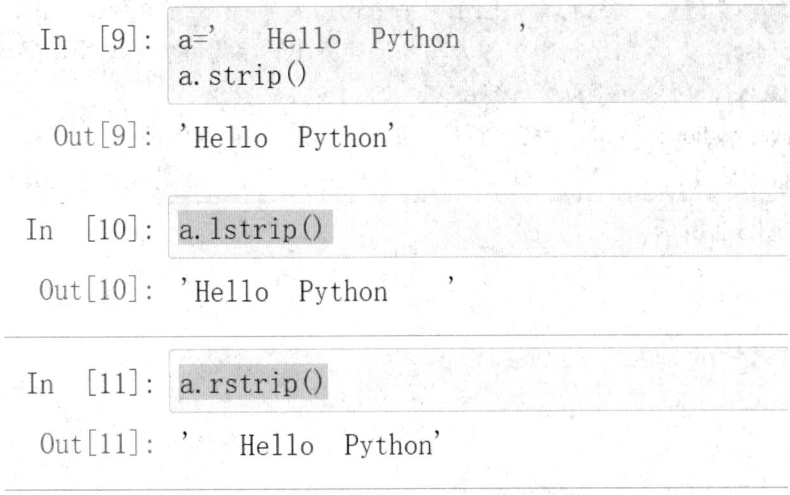

```
In  [9]:  a='   Hello  Python    '
          a.strip()

Out[9]:  'Hello  Python'


In  [10]:  a.lstrip()

Out[10]:  'Hello  Python    '


In  [11]:  a.rstrip()

Out[11]:  '   Hello  Python'
```

图 5-2　去空格函数

2）替换函数

替换函数主要用于将字符串中的大小写字母转换，替换字符串中的指定字符等，常用函数包括 lower()、upper()、swapcase()、capitalize()、replace() 和 center()，语法格式如下所示。

```
str.lower()
str.upper()
str. swapcase()
str. capitalize()
str.replace(old, new[, max])
str.center(width[, fillchar])
```

参数说明如下所示。

● str：表示要处理的字符串。

● old：将被替换的子字符串。

● new：替换后的字符串。

● max：可选字符串，替换不超过 max 次。

● width -- 字符串的总宽度。

● fillchar -- 填充字符。

定义一个同时包含大写和小写字母的字符串，并分别使用以上函数对其进行大小写字母转换和字符串替换，掌握每个函数的区别和使用方法，代码 CORE0502 如下所示。

代码 CORE0502
a='hello Python'   #定义字符串 a.lower()   #将字符串中的大写字母转为小写 a.upper()   #将字符串中的小写字母转为大写 a.swapcase()   #将字符串中的大写字母转为小写字母并将小写字母转为大写字母 a.capitalize()   #将首字母转换为 a.replace('python','world') #将字符串中的"python"替换为"world" a.center(40,'*')   #在字符串两边填充"*"号指定字符串总长度为40。

结果如图 5-3 所示。

图 5-3　替换函数

3）查找函数

查找函数用于检测字符串中是否包含指定的字符序列，常用函数包括 index() 和 find()，语法格式如下所示。

```
str.index(str, beg=0, end=len(string))
str.find(str, beg=0, end=len(string))
```

参数说明如下所示。

● str：表示要处理的字符串。

● beg：开始索引，默认为 0。

● end：结束索引，默认为字符串的长度。

定义一个字符串，并分别使用 find() 函数和 index() 函数检测指定字符序列是否包含在原始字符串中，代码 CORE0503 如下所示。

代码 CORE0503

```
a='Hello Python Hello World'   # 定义字符串
a.index('World')              # 检测字符串 a 中是否包含 'World'
a.index('World',0,10)         # 检测字符串 a 中从 0 开始到 10 中是否包含 'World'
a.find('Python')             # 检测
a.find('Python',13,16)
```

结果如图 5-4 所示。

```
a='Hello Python Hello World'
a.index('World')

19

a.index('World',0,10)

----------------------------------------------------------------
ValueError                              Traceback (most recent call last)
<ipython-input-31-b790af9e4134> in <module>
----> 1 a.index('World',0,10)

ValueError: substring not found

a.find('Python')

6

a.find('Python',13,16)

-1
```

图 5-4　查找函数

4）获取函数

获取函数主要讲解如何获取字符串的长度和字符串中指定字符序列的数量，常用函数包括 len() 和 count()，语法格式如下所示。

```
len(str)
str.count(sub, start= 0,end=len(string))
```

参数说明如下所示。

● str：表示要处理的字符串。

● start：搜索的起始位置，默认从第一个字符索引 0 开始。

● end：结束搜索位置，默认从第一个字符索引 0 开始。

定义一个字符串，使用 len() 函数统计字符串长度，使用 count() 函数统计指定字符在原始字符串中出现的次数，代码 CORE0504 如下所示。

代码 CORE0504

```
a="Hello Python"
len(a)
a.count('o',0,5)
```

结果如图 5-5 所示。

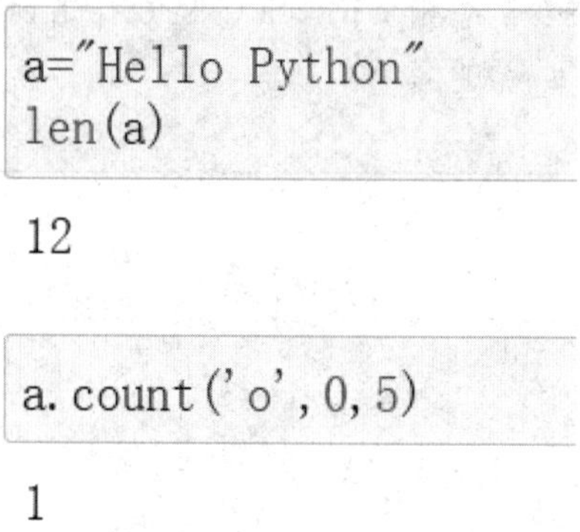

```
a="Hello Python"
len(a)
```

12

```
a.count('o',0,5)
```

1

图 5-5　获取函数

5）分割函数

分隔函数主要用于从指定位置对字符串进行分割，常用函数为 split()，语法格式如下所示。

str.split(splitstr="", num=string.count(str))

参数说明如下所示。

● str：表示要处理的字符串。

● splitstr：分隔符，默认为所有的空字符，包括空格、换行 (\n)、制表符 (\t) 等。

● num：分割次数。默认为 -1，即分隔所有。

定义一个字符串，使用 split() 函数进行分割，代码 CORE0505 如下所示。

```
代码 CORE0505
a='This is a python demo'
a.split()
a.split('i',1)
```

结果如图 5-6 所示。

```
a='This is a python demo'
a.split()

['This', 'is', 'a', 'python', 'demo']
```

```
a.split('i',1)

['Th', 's is a python demo']
```

图 5-6　分割函数

2. 字符串运算符

字符串运算符是指使用一些符号对字符串进行操作,如连接字符串、截取字符串、判断字符串中是否包含给定成员等。与字符串内置函数相比使用简单,常用的字符串运算符见表 5-2。

表 5-2　字符串运算符

操作符	说明
+	用于连接字符串
*	用于指定重复输出字符串
[]	使用索引获取字符串中的某个字符(索引从 0 开始)
[:]	截取字符串中的一部分,遵循"左闭右开"原则
in	成员运算符—如果字符串中包含给定的字符返回 True
not in	成员运算符—如果字符串中不包含给定的字符返回 True
r/R	以原始字符串的形式显示

使用上述操作符对字符串进行处理,讲解字符串运算符的使用方法,代码 CORE0506 如下所示。

代码 CORE0506

```
a="Hello"
b="World"
print("a+b:",a+b)
print("b*4:",b*4)
print("a[3]:",a[3])
print("b[2:4]:",b[2:4])
print("or in b:","or" in b)
print("or not in b:","or" not in b)
print("\n")
print(r"\n")
```

结果如图 5-7 所示。

```
a="Hello"
b="World"
print("a+b:",a+b)
print("b*4:",b*4)
print("a[3]:",a[3])
print("b[2:4]:",b[2:4])
print("or in b:","or" in b)
print("or not in b:","or" not in b)
print("\n")
print(r"\n")
```

```
a+b: HelloWorld
b*4: WorldWorldWorldWorld
a[3]: l
b[2:4]: rl
or in b: True
or not in b: False


\n
```

图 5-7　字符串运算符

3. 格式化字符串

格式化字符串是指将字符串格式化后输出，最常见的基本用法是将一个值插入到字符串中，Python 字符串格式符见表 5-3。

表 5-3　字符串格式符

符号	描述
%c	格式化字符及其 ASC Ⅱ码
%s	格式化字符串
%d	格式化整数
%u	格式化无符号整型
%o	格式化无符号八进制数
%x	格式化无符号十六进制数
%X	格式化无符号十六进制数(大写)
%f	格式化浮点数字,可指定小数点后的精度
%e	用科学计数法格式化浮点数
%E	作用同 %e,用科学计数法格式化浮点数
%g	%f 和 %e 的简写
%G	%f 和 %E 的简写
%p	用十六进制数格式化变量的地址

下面以"%s"和"%d"为例说明字符串格式符的使用方法,代码 CORE0507 如下所示。

代码 CORE0507

print ("Python 由荷兰数学和计算机科学研究学会的 %s 于 %d 年代初设计 " % ('Guido van Rossum',1990))

结果如图 5-8 所示。

```
print ("Python由荷兰数学和计算机科学研究学会的%s于%d年代初设计" % ('Guido van Rossum',1990))
```
Python由荷兰数学和计算机科学研究学会的Guido van Rossum于1990年代初设计

图 5-8　字符串格式符

技能点二　正则表达式

1. 正则表达式简介

Regular Expression(RE),即正则表达式或规则表达式,是一种文本匹配模式,在代码中常被写为 RegEx、RegExp 或 RE。可用来在文本中检索和替换符合规则的文本。另外,正则表达式是对普通字符、特殊字符等文本进行规则匹配的一种逻辑公式,规则字符是预先定义的由特定字符组成的字符集合,用来表示对字符串的过滤逻辑。正则表达式的图标如图 5-9 所示。

图 5-9 值的匹配

在使用正则表达式之前,对静态文本进行搜索和替换非常不便。尽管可以对预期文本进行搜索与替换,但缺少一定的灵活性,并且在动态文本搜索方面同样十分困难。在使用正则表达式后,不但能够实现对静态文本的搜索和替换,还能够对极具灵活性和不确定性的动态文本实现检索等功能,正则表达式可完成的操作有数据验证、文本替换以及提取符合规则的字符串等。

● 数据验证:可以对输入的字符进行规则匹配,判断输入的字符是否符合或包含特定的字符。

● 文本替换:正则表达式能够识别文档中的特定字符,实现完全删除或替换该字符的能力。

● 提取符合规则的字符串:可以查找文档内或输入域内符合规则的特定文本。

另外,正则表达式在处理文本文件时有较高的灵活性、较强的功能性,因此在各文本编辑器中都有应用,如 Microsoft Word、Visual Studio 等大型编辑器,都可以使用正则表达式来处理文本内容。

2. 正则表达式组成

正则表达式是一个特殊的字符串,主要由普通字符、定位符、限定符、选择字符、转义字符、特殊字符等组成。其中,正则表达式包含字符均为元字符。

1)普通字符

普通字符指没有指定为元字符的可打印或不可打印的相关字符,包括所有大小写字母、数字、标点符号等,常用的普通字符见表 5-4。

表 5-4 普通字符

字符	描述
[xyz]	字符集合,匹配所包含的任意一个字符
[^xyz]	负值字符集合,匹配未包含的任意字符
[a-z]	匹配指定范围的任意字符,如 [a-z] 用于匹配任意小写字母、[A-Z] 用于匹配任意大写字母,[0-9] 用于匹配任意数字
[^a-z]	匹配任何不在指定范围内的任意字符
\d	匹配一个数字字符
\D	匹配一个非数字字符
\w	匹配字母、数字、下画线
\W	匹配非字母、数字、下画线

2）定位符

在正则表达式中，定位符用于表达式首尾的固定，可以限定匹配字符串或单词的边界，常用的定位符见表 5-5。

表 5-5　定位符

字符	描述
^	匹配输入字符串开始的位置
$	匹配输入字符串结尾的位置
\b	匹配一个单词边界，即字与空格间的位置
\B	非单词边界匹配

3）限定符

限定符用于指定匹配的次数，也就是说，指定的内容必须出现指定的次数才可以满足匹配操作，常用的限定符见表 5-6。

表 5-6　限定符

字符	描述
*	匹配零次或多次
+	匹配一次或多次
?	匹配零次或一次
{n}	匹配 n 次
{n,}	匹配至少 n 次
{n,m}	匹配最少 n 次且最多 m 次

根据限定符功能的不同，可以将正则表达式匹配分为贪婪匹配和非贪婪匹配。

● 贪婪匹配：在匹配过程中，匹配不定次数的表达式总是尽可能多地匹配，可使用 *、+、{n,}、{n,m} 等实现。

● 非贪婪匹配：也叫最小匹配，即匹配次数不定的表达式尽可能少地匹配，在可匹配可不匹配时，采取"不匹配"模式，只需使用"?"即可实现。

4）选择字符

在正则表达式中，选择字符使用"()"实现，多个选项之间使用"|"进行连接，可以实现多个可选项的匹配。例如 (THE|The|the) 可以匹配符合 THE、The、the3 个选项的任意一个。

5）转义字符

转义字符通常以 "\ 字母 " 表示，用于使反斜杠"\"后字符的意义发生改变。常用的转义字符见表 5-7。

表 5-7　转义字符

字符	描述
\f	匹配一个换页符
\n	匹配一个换行符
\r	匹配一个回车符
\s	匹配任何空白字符,包括空格、制表符、换页符
\S	匹配任何非空白字符
\t	匹配一个制表符

除了表 5-1 中的几种转义字符外,前面的 \d、\D、\w、\W、\b、\B 等都属于转义字符。

6) 特殊字符

在正则表达式中,特殊字符指含有特殊意义的字符,如反斜杠"\"即为一个特殊字符,常用的特殊字符见表 5-8。

表 5-8　特殊字符

字符	描述
.	匹配除换行符 \n 之外的任何单字符
[	标记一个中括号表达式的开始
\	将下一个字符标记为特殊字符、原义字符等
|	指明两项之间的一个选择
{	标记限定符表达式的开始

除了表 5-1 中的几种特殊字符外,前面的 $、( )、*、+、?、^ 等都属于特殊字符。

正则表达式默认从左到右的顺序进行计算,但是不同的字符有着不同的优先级,正则表达式运算符的优先级从左到右,由上至下如下。

● \
● ( ), [ ]
● *, +, ?, {n}, {n,}, {n,m}
● ^, $
● \ 字符
● 任意字符
● |

3. 正则表达式使用

在 Python 中,提供了一个包含正则表达式相关操作函数的内置 re 模块,可以实现内容的匹配、替换、分割等操作,常用的正则表达式操作函数见表 5-9。

表 5-9　正则表达式操作函数

函数	描述
compile()	创建正则表达式对象
match()	从起始位置开始查找符合匹配的第一个内容
search()	从任何位置开始查找符合匹配的第一个内容
findall()	查找符合匹配的全部内容,返回列表
finditer()	查找符合匹配的全部内容,返回迭代器
split()	分割字符串,返回列表
sub()	替换匹配内容

1）compile()

compile() 是 re 模块常用的函数,可以根据正则表达式字符串进行正则表达式对象的创建,提高匹配效率,语法格式如下所示。

```
re.compile(pattern,flags)
```

参数说明见表 5-10。

表 5-10　compile() 包含参数

参数	描述
pattern	正则表达式字符串
flags	匹配方式

其中,flags 参数包含多种用于设置正则表达式匹配方式的参数值,常用参数值见表 5-11。

表 5-11　flags 包含参数值

参数值	描述
re.I	忽略大小写
re.M	多行模式
re.S	字符“.”的任意匹配模式
re.L	特殊字符集,取决于当前环境
re.U	特殊字符集,取决于 unicode 定义的字符属性
re.X	忽略空格和符号“#”后面的内容

下面使用 compile() 函数创建一个用于匹配由两位数字、一个连字符再加 5 位数字组成 ID 号的正则表达式对象,代码 CORE0508 如下所示。

```
代码 CORE0508

import re
# 创建正则表达式对象并设置忽略大小写
RegexObject=re.compile(r'/\d{2}-\d{5}/',re.I)
print(RegexObject)
```

效果如图 5-10 所示。

$$re.compile('/\backslash\backslash d\{2\}-\backslash\backslash d\{5\}/',\ re.IGNORECASE)$$

图 5-10　compile() 创建正则表达式对象

需要注意的是，除了使用 compile() 函数创建正则表达式对象外，还可以直接使用字符串表示正则表达式，这时，Python 会将正则表达式转换为正则表达式对象，并行在后面，每次使用该正则表达式都需要进行正则表达式对象的转换。而 compile() 函数在使用时，只会进行一次正则表达式对象的转换，之后不需转换可直接使用。使用字符串方式创建一个用于匹配由两位数字、一个连字符再加 5 位数字组成 ID 号的正则表达式对象，代码 CORE0509如下所示。

```
代码 CORE0509

pattern=r'/\d{2}-\d{5}/'
print(pattern)
```

效果如图 5-11 所示。

$$/\backslash d\{2\}-\backslash d\{5\}/$$

图 5-11　字符串创建正则表达式对象

2）match()

match() 函数主要用于内容的匹配，可以从字符串的任意位置开始进行匹配，并将符合正则表达式的匹配结果以 Match 对象形式返回；当不符合时，则返回 None。需要注意的是，match() 函数只进行一次匹配。match() 函数使用的语法格式如下所示。

```
# 方式一：从任意位置开始匹配
RegexObject=re.compile(pattern,flags)
RegexObject.match(string,pos,endpos)
# 方式二：从头部开始匹配
re.match(pattern,string,flags)
```

参数说明见表 5-12。

表 5-12　match() 包含参数

参数	描述
RegexObject	正则表达式对象
pattern	正则表达式字符串
flags	匹配方式
string	待匹配字符串
pos	字符串起始位置,默认值为 0
endpos	字符结束位置,默认值为字符串长度

下面使用 match() 函数匹配符合字母、空格、字母格式的字符串,其中,字母可以是任意长度,代码 CORE0510 如下所示。

```
代码 CORE0510

import re
# 创建正则表达式对象,并忽略大小写
RegexObject=re.compile(r'([a-z]+) ([a-z]+)', re.I)
# 使用正则表达式进行匹配
m=RegexObject.match('Hello World Wide Web')
print(m)
```

效果如图 5-12 所示。

<re.Match object; span=(0, 11), match='Hello World'>

图 5-12　match() 函数匹配

再匹配到内容后,Match 对象提供了多个函数,可以进行详细信息的获取,包括匹配到的字符串以及该字符串的起始位置、结束位置等,常用方法见表 5-13。

表 5-13　Match 对象函数

函数	描述
start()	匹配字符串的起始位置,可通过指定序号获取对应分组包含字符串的起始位置,默认值为 0,获取整个字符串的起始位置
end()	匹配字符串的结束位置,可通过指定序号获取对应分组包含字符串的结束位置,默认值为 0,获取整个字符串的结束位置
span()	匹配字符串的起始和结束,可通过指定序号获取对应分组包含字符串的起始和结束位置,默认值为 0,获取整个字符串的起始和结束
group()	匹配字符串,可通过指定序号获取对应分组包含的字符串,默认值为 0,获取整个字符串

下面使用 Match 对象相关函数获取匹配后的详细信息，代码 CORE0511 如下所示。

```
代码 CORE0511
# 获取第一个分组包含的匹配信息
print(" 匹配字符串 :",m.group())
print(" 匹配字符串的起始位置 :",m.start())
print(" 匹配字符串的结束位置 :",m.end())
print(" 匹配字符串的起始和结束 :",m.span())
# 获取第二个分组包含的匹配信息
print(" 匹配字符串 :",m.group(1))
print(" 匹配字符串的起始位置 :",m.start(1))
print(" 匹配字符串的结束位置 :",m.end(1))
print(" 匹配字符串的起始和结束 :",m.span(1))
# 获取第三个分组包含的匹配信息
print(" 匹配字符串 :",m.group(2))
print(" 匹配字符串的起始位置 :",m.start(2))
print(" 匹配字符串的结束位置 :",m.end(2))
print(" 匹配字符串的起始和结束 :",m.span(2))
```

效果如图 5-13、图 5-14 和图 5-15 所示。

```
匹配字符串: Hello World
匹配字符串的起始位置: 0
匹配字符串的结束位置: 11
匹配字符串的起始和结束: (0, 11)
```

图 5-13　第一个分组包含的匹配信息

```
匹配字符串: Hello
匹配字符串的起始位置: 0
匹配字符串的结束位置: 5
匹配字符串的起始和结束: (0, 5)
```

图 5-14　第二个分组包含的匹配信息

```
匹配字符串: World
匹配字符串的起始位置: 6
匹配字符串的结束位置: 11
匹配字符串的起始和结束: (6, 11)
```

图 5-15　第三个分组包含的匹配信息

3）search()

search() 函数与 match() 函数基本相同,不同之处在于, match() 函数在直接使用字符串作用正则表达式时,只能从头部开始进行匹配,而 search() 函数既可以在指定位置进行匹配,还可以进行整个字符串的匹配。search() 函数使用的语法格式如下所示。

```
# 方式一:指定位置匹配
RegexObject=re.compile(pattern,flags)
RegexObject.search(string,pos,endpos)
# 方式二:匹配整个字符串
re.search(pattern,string,flags)
```

下面使用 search() 函数实现指定位置匹配和整个字符串的匹配,代码 CORE0512 如下所示。

```
代码 CORE0512

import re
# 创建正则表达式对象
RegexObject=re.compile(r'\d+')
# 使用正则表达式进行整个字符串匹配
m=RegexObject.search('one12twothree34four')
print(m)
# 使用正则表达式从第十一个字符开始进行字符串匹配,并在第三十个字符结束
m=RegexObject.search('one12twothree34four',10,30)
print(m)
```

效果如图 5-16 所示。

```
<re.Match object; span=(3, 5), match='12'>
<re.Match object; span=(13, 15), match='34'>
```

图 5-16　search() 函数匹配

4）findall()

match() 函数和 search() 函数只能进行单次匹配,而 findall() 函数会对整个字符串进行检索,获取所有符合正则表达式的结果,并将结果以列表的形式返回。findall() 函数使用的语法格式如下所示。

```
# 方式一:指定任意区间进行检索
RegexObject=re.compile(pattern,flags)
RegexObject.findall(string,pos,endpos)
# 方式二:从头部开始进行检索
re.findall(pattern,string,flags)
```

下面使用 findall() 函数的不同方式进行字符串中数字的检索,代码 CORE0513 如下所示。

```
代码 CORE0513

import re
# 创建正则表达式对象
RegexObject=re.compile(r'\d+')
# 使用正则表达式检索第十一个字符到第三十一个字符之间的数字
m=RegexObject.findall('one12twothree34four',10,30)
print(m)
# 使用正则表达式从头部开始进行数字检索
m=re.findall(r'\d+','one12twothree34four')
print(m)
```

效果如图 5-17 所示。

```
['34']
['12', '34']
```

图 5-17 findall() 函数匹配

5）finditer()

finditer() 函数与 findall() 函数功能相同，不同之处在于 finditer() 函数会将结果以迭代器格式返回，迭代器中每一项均为 Match 对象，语法格式如下所示。

```
# 方式一：指定任意区间进行检索
RegexObject=re.compile(pattern,flags)
RegexObject.finditer(string,pos,endpos)
# 方式二：从头部开始进行检索
re.finditer(pattern,string,flags)
```

下面使用 finditer() 函数进行字符串中数字的检索，代码 CORE0514 如下所示。

```
代码 CORE0514

import re
# 创建正则表达式对象
RegexObject=re.compile(r'\d+')
# 使用正则表达式检索所有数字
m=RegexObject.finditer('one12twothree34four')
print(m)
# 对迭代器进行遍历
for i in m:
    print(i)
```

效果如图 5-18 所示。

```
<callable_iterator object at 0x000001EA1AF8F630>
<re.Match object; span=(3, 5), match='12'>
<re.Match object; span=(13, 15), match='34'>
```

图 5-18　findall() 函数匹配

6）split()

split() 函数主要用于字符串的分割，可以使用符合正则表达式的字符分割字符串，并将结果以列表的形式返回，语法格式如下所示。

```
# 方式一：指定任意区间进行检索
RegexObject=re.compile(pattern,flags)
RegexObject.finditer(string,maxsplit)
# 方式二：从头部开始进行检索
re.finditer(pattern,string,maxsplit,flags)
```

参数说明见表 5-14。

表 5-14　split() 包含参数

参数	描述
RegexObject	正则表达式对象
pattern	正则表达式字符串
flags	匹配方式
string	待匹配字符串
maxsplit	分隔次数，默认值为 0，表示不限次分割

下面使用 split() 函数根据空格对字符串进行分割，代码 CORE0515 如下所示。

```
代码 CORE0515
import re
# 创建正则表达式对象
RegexObject=re.compile(r'\s')
# 使用正则表达式进行分割
m=RegexObject.split('Hello World Wide Web')
print(m)
```

效果如图 5-19 所示。

```
['Hello', 'World', 'Wide', 'Web']
```

图 5-19　split() 函数分割

7）sub()

sub() 是 re 模块中提供的替换函数，可以将符合正则表达式的字符串替换，并返回替换后的整个字符串,语法格式如下所示。

```
# 方式一:指定任意区间进行检索
RegexObject=re.compile(pattern,flags)
RegexObject.sub(repl,string,count)
# 方式二:从头部开始进行检索
re.sub(pattern,repl,string,count,flags)
```

参数说明见表 5-15。

表 5-15   split() 包含参数

参数	描述
RegexObject	正则表达式对象
pattern	正则表达式字符串
flags	匹配方式
repl	替换内容,可以是字符串或函数
string	待匹配字符串
count	替换次数,默认值为 0,表示替换所有匹配内容

下面使用 sub() 函数将字符串中的空格符替换为换行符,代码 CORE0516 如下所示。

代码 CORE0516

```
import re
# 创建正则表达式对象
RegexObject=re.compile(r'\s')
# 使用正则表达式进行替换
m=RegexObject.sub('\n','Hello World Wide Web')
print(m)
```

效果如图 5-20 所示。

```
Hello
World
Wide
Web
```

图 5-20   接受字符串替换

需要注意的是,sub() 函数在进行替换操作时,不仅可以接受字符串进行替换,还可以接受一个函数,但该函数只接受一个 Match 对象的参数,并返回一个用于替换操作的字符串。下面使用 sub() 函数将字符串中的空格符替换为换行符,代码 CORE0517 如下所示。

代码 CORE0517

```python
import re
# 创建正则表达式对象
p = re.compile(r'(\w+) (\w+)')
s = 'hello 123, hello 456'
# 定义函数,并接受 Match 对象
def func(m):
    # 返回的替换内容
    # group(0) 表示匹配字符串,hello 123
    # group(1) 表示 hello
    # group(2) 表示 123
    return 'hi'+' '+m.group(2)
# 只替换符合的第一个字符串
print(p.sub(func,s,1))
# 替换所有符合的字符串
print(p.sub(func,s))
```

效果如图 5-21 所示。

```
hi 123, hello 456
hi 123, hi 456
```

图 5-21   接受函数替换

通过以上知识的学习,使读者了解了正则表达式的各匹配符的功能和对应匹配的字符,并且掌握了如何使用 Python 实现正则表达式对文本进行匹配,为了巩固以上所学知识,通过以下几个步骤实现用户注册登录系统。

第一步:创建用于显示菜单栏的方法,根据用户选择的菜单项执行不同的功能,菜单中需要包含账号注册、登录和退出 3 个功能,代码 CORE0518 如下所示。

```
代码 CORE0518

import re
dict ={}
def home_page():
    print("--" * 5+" 欢迎使用本系统 "+"--"*5)
    print('''
    1:账号注册
    2:登录
    3:退出 ''')
    print("--" * 17)
    num=input(' 请输入功能菜单的编号:')
    if num=='1':
        print(' 用户信息注册 ')
        register()
    elif num=='2':
        print(' 登录 ')
        login()
    elif num=='3':
        print(' 系统已退出 ')
home_page()
```

结果如图 5-22 所示。

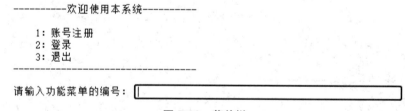

```
----------欢迎使用本系统----------

    1：账号注册
    2：登录
    3：退出
------------------------------------
请输入功能菜单的编号：[          ]
```

图 5-22　菜单栏

第二步：实现名为 register 的函数，该函数主要完成用户的注册功能，首先设置用户名的输入并在用户输入后验证用户名是否为 3~10 位数字，代码 CORE0519 如下所示。

```
代码 CORE0519

def register():
    username=str(input(" 用户名（3~10 为数字）:"))
    reusername=re.compile('[0-9]{3,10}')
    while True:
        if reusername.match(username):
            break
```

```
username=str(input(' 用户名输入有误请重新输入:'))
home_page()
```

结果如图 5-23 所示。

```
----------欢迎使用本系统----------

    1：账号注册
    2：登录
    3：退出
------------------------------------
请输入功能菜单的编号：1
用户信息注册
用户名（3~10为数字）：xv12121
用户名输入有误请重新输入：123456
```

图 5-23　判断用户名是否符合规范

第三步：编写用于接收用户输入密码的代码，并设置密码规则为必须包含字母和数字并且在 6~18 位之间，在 register 函数中添加代码，代码 CORE0520 如下所示。

代码 CORE0520

```
passwd=str(input(" 密码（必须包含字母和数字，且在 6~18 位之间）:"))
repasswd=re.compile('^(?![0-9]+$)(?![a-zA-Z]+$)[0-9A-Za-z]{6,18}$')
while True:
    if repasswd.match(passwd):
        break
    passwd=str(input(' 密码必须包含字母和数字，且在 6~18 位之间:'))
```

结果如图 5-24 所示。

```
----------欢迎使用本系统----------

    1：账号注册
    2：登录
    3：退出
------------------------------------
请输入功能菜单的编号：1
用户信息注册
用户名（3~10为数字）：123456
密码（必须包含字母和数字，且在6~18位之间）：123456
密码必须包含字母和数字，且在6~18位之间：xv123456
```

图 5-24　验证密码是否符合规范

第四步：在注册账号时为了以后方便在忘记密码时找回密码，各大平台会要求提供用户的个人邮箱，在输入邮箱时需要验证邮箱是否符合标准的邮箱格式，在 register 函数中添加代码，代码 CORE0521 如下所示。

代码 CORE0521

```
email=str(input(" 邮箱:"))
reemail=re.compile('^[a-zA-Z0-9_-]+@[a-zA-Z0-9_-]+(\.[a-zA-Z0-9_-]+)+$')
while True:
    if reemail.match(email):
        break
    email=str(input(' 您输入的格式不正确请重新输入:'))
home_page()
```

结果如图 5-25 所示。

```
----------欢迎使用本系统----------

    1：账号注册
    2：登录
    3：退出
------------------------------------
请输入功能菜单的编号：1
用户信息注册
用户名（3~10为数字）：123456
密码（必须包含字母和数字，且在6~18为之间）：xv123456
邮箱：1215451564
您输入的格式不正确请重新输入：1247859874@qq.com
```

图 5-25 验证邮箱是否符合规范

第五步:编写代码接收用户输入的手机号,并验证手机号是否符合标准的手机号规范,在 register 函数中添加代码,代码 CORE0522 如下所示。

代码 CORE0522

```
phone=str(input(" 手机号:"))
rephone=re.compile('^(13\d|14[5|7]|15\d|166|17[3|6|7]|18\d)\d{8}$')
while True:
    if rephone.match(phone):
        break
    phone=str(input(' 手机号输入错误请重新输入:'))
home_page()
```

结果如图 5-26 所示。

```
----------欢迎使用本系统----------
        1：账号注册
        2：登录
        3：退出
------------------------------------
请输入功能菜单的编号：1
用户信息注册
用户名（3~10为数字）：123456
密码（必须包含字母和数字，且在6~18位之间）：xv123456
邮箱：1148095215@qq.com
手机号：14587
手机号输入错误请重新输入：17655895523
```

图 5-26　验证手机号是否符合规范

第六步：根据要求各平台注册账号都需要进行实名认证，需要用户提供身份证号，通过编写代码接收用户输入的身份证号码并验证是否符合基础的身份证号规范，在 register 函数中添加代码，代码 CORE0523 如下所示。

代码 CORE0523
| ```python
idcard=str(input(" 身份证号:"))
        reidcard=re.compile('([1-9]\d{5}(18|19|([23]\d))\d{2}((0[1-9])|(10|11|12))(([0-2][1-9])|10|20|30|31)\d{3}[0-9Xx])')
    while True:
        if reidcard.match(idcard):
            break
        idcard=str(input(" 身份证号格式输入错误请重新输入:"))
home_page()
``` |

结果如图 5-27 所示。

```
----------欢迎使用本系统----------
        1：账号注册
        2：登录
        3：退出
------------------------------------
请输入功能菜单的编号：1
用户信息注册
用户名（3~10为数字）：123456
密码（必须包含字母和数字，且在6~18位之间）：xv123456
邮箱：1148566665@qq.com
手机号：14577856554
身份证号：13131654656
身份证号格式输入错误请重新输入：13102588850235025X
身份证号格式输入错误请重新输入：13102519950603022X
```

<center>图 5-27　验证身份证号是否符合规范</center>

第七步：账号基本信息验证通过后，需要将这些信息保存到字典中，为登录功能提供基础数据，在 register 函数中添加代码，代码 CORE0524 如下所示。
```

代码 CORE0524

```
    dict['username']=username
    dict['passwd']=passwd
    dict['email']=email
    dict['phone']=phone
    dict['idcard']=idcard
print(" 新用户注册成功请选择要进行的操作 ")
print(dict)
    home_page()
```

结果如图 5-28 所示。

```
        ----------欢迎使用本系统----------

    1: 账号注册
    2: 登录
    3: 退出
    ------------------------------------
请输入功能菜单的编号: 1
用户信息注册
用户名（3~10为数字）: 123456
密码（必须包含字母和数字，且在6~18位之间）: xv123456
邮箱: 1148525555@qq.com
手机号: 17633067223
身份证号: 131025199506030221X
新用户注册成功请选择要进行的操作
{'username': '123456', 'passwd': 'xv123456', 'email': '114
8525555@qq.com', 'phone': '17633067223', 'idcard': '131025
199506030221X'}
```

图 5-28　将用户信息保存到字典

第八步：实现 login 函数，用于判断用户输入的用户名和密码是否正确，若正确提示登录成功，若失败提示"用户名密码输入错误请重新输入"，最终效果如图 5-1 所示，代码 CORE0525 如下所示。

代码 CORE0525

```
def login():
    while True:
        username=str(input(" 用户名:"))
        passwd=str(input(" 密码:"))
        if username == dict['username'] and passwd == dict['passwd']:
```

```
        print(" 欢迎 "+dict['username']+" 登录系统 ")
        break
    else:
        print(" 用户名密码输入错误请重新输入 ")
home_page()
```

至此,学生信息管理系统完成。

本项目通过登录操作模拟的实现,使读者对字符串相关知识有了初步了解,对字符串内置函数以及正则表达的使用有所了解并掌握,并能够通过所学的字符串和正则表达式相关知识实现登录操作的实现。

strip	带	find	找到
index	指数	lower	降低
swapcase	交换盒	center	居中
count	计数	replace	代替
split	分裂	regular	常规
expression	表达	compile	编译
match	比赛	search	搜索
sub	附属的	pattern	图案
flags	旗帜	group	组

一、选择题

(1)下列方法中,用于获取字符串长度的是(　　　)。

A. lower()　　　　　　　B. len()　　　　　　　C. strip()　　　　　　　D. center()

（2）字符串运算符中,用于指定重复输出字符的是（   ）。

A. *   B. +   C. []   D. [:]

（3）用于格式化无符号八进制数的是（   ）。

A. %u   B. %o   C. %x   D. %d

（4）正则表达式中,用于匹配一次或多次的是（   ）。

A. {n}   B. ?   C. *   D. +

（5）下列函数中,用于查找符合匹配的全部内容的是（   ）。

A. match()   B. search()   C. findall()   D. compile()

二、简答题

（1）简述正则表达式功能。

（2）简述正则表达式运算符的优先级。

项目六 Python 函数与面向对象

本项目通过计算器制作的实现,使读者了解函数的相关概念,熟悉类和对象的定义与创建,掌握类中成员方法的调用与类继承的实现,具有使用函数以及面向对象等知识实现登录操作计算器制作的能力,在任务实现过程中:

● 了解函数的定义与调用。
● 熟悉类的定义与对象的创建。
● 掌握类中包含的成员方法。
● 具有实现计算器制作的能力。

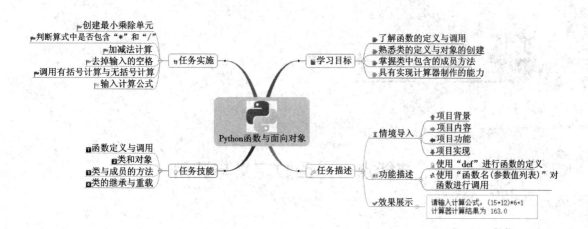

【情境导入】

现代的电子计算器是能进行数学运算的手持电子机器,拥有集成电路芯片,但结构比电脑简单得多,可以说是第一代的电子计算机(电脑),且功能也较弱,但较为方便与廉价,可广泛运用于商业交易中,是必备的办公用品之一。本项目通过对 Scala 函数、类和对象等相关知识的学习,最终实现简易计算器的制作。本项目通过对字符串操作函数使用以及正则表达式使用等相关知识的学习,最终实现用户登录操作的模拟。

【功能描述】

- 使用"def"进行函数的定义。
- 使用"函数名 (参数值列表)"对函数进行调用。

【效果展示】

读者通过对本项目的学习,能够通过函数与面向对象等知识的使用,实现计算器的制作,效果如图 6-1 所示。

请输入计算公式:(15+12)*6+1
计算器计算结果为 163.0

图 6-1　效果图

技能点一　函数定义与调用

1. 函数的概念

函数是组织好、可重复使用、用来实现单一或相关联功能的代码段。函数能提高应用的模块性和代码的重复利用率。已经知道 Python 提供了许多内建函数,比如 print()。但也可以自己创建函数,这称为用户自定义函数。函数的使用给开发人员带来了多种优势,如下。

● 降低了编程的难度

通常将一个复杂的大过程分解成 n 个小过程,然后将小过程划分成更小的过程,当过程细化为足够简单时,就可以分而治之。各个小过程解决了,大过程就迎刃而解了。

● 代码复用

避免重复编写某段代码,从而提高了效率。

2. 函数的定义

在 Python 中,函数的定义非常简单,只需通过 Python 提供的"def"关键字即可,语法格式如下所示。

> def 函数名 (参数列表):
> 　函数体

需要注意的是,定义一个有自己想要功能的函数,需要满足以下几个简单的定义规则。

● 函数代码块以 def 关键字开头,后接函数标识符名称和圆括号 ()。

● 任何传入参数和自变量必须放在圆括号中间。圆括号之间可以用于定义参数。

● 函数的第一行语句可以选择性地使用文档字符串——用于存放函数说明。

● 函数内容以冒号起始,并且缩进。

● return [表达式] 结束函数,选择性地返回一个值给调用方。不带表达式的 return 相当于返回 None。

在函数定义完成后,通过函数名和参数列表对应的参数值列表即可调用该函数并运行函数内包含的代码,语法格式如下所示。

> 函数名 (参数值列表)

3. 函数分类

目前,根据函数参数的不同,可以将 Python 中的函数分为 4 个类别,分别是有参有返回值函数、有参无返回值函数、无参有返回值函数、无参无返回值函数,根据程序功能的定义可以抉择使用哪一类函数。

1)有参返回值函数

此类函数不仅能接收参数,还可以返回某个数据,一般情况下,诸如数据处理并需要结果的应用,语法格式如下所示。

> def 函数名 (参数 1, 参数 2, 参数 3):
> 函数体
> return 返回值

下面定义一个名为 add 函数,函数中包含 a、b、c3 个形参,代码 CORE0601 如下所示。

代码 CORE0601

```
# 定义名为 add 函数,函数中包含 a、b、c3 个形参
def add(a,b,c):
# 计算 abc 相加
    sum = a+b+c
# 返回 sum 变量
return sum
# 调用 add 函数 传入实参 1,9,8
sum = add(1,9,8)
# 输出结果
print(" 最终结果为:",sum)
```

运行结果如图 6-2 所示。

最终结果为： 18

图 6-2　有参返回值函数

2）有参无返回值函数

与有参返回值函数相比,有参无返回值函数能接收参数,但是在函数内部不存在能够返回数据的代码,也就是没有 return 语句,语法格式如下所示。

```
def 函数名 ( 参数 1, 参数 2, 参数 ):
函数体
```

下面定义一个名为 say 的函数,函数中包含 name 和 content 两个形参,代码 CORE0602 如下所示。

代码 CORE0602

```
def say(name,content):
 print(name," 说:",content)
# 调用 say 方法传入实参
say(" 小王 "," 今天天气晴朗 ")
```

运行结果如图 6-3 所示。

小王 说： 今天天气晴朗

图 6-3　有参无返回值函数

3）无参有返回值函数

与有参返回值函数相比,无参有返回值函数不能接收参数,但是可以返回某个数据,也就是说,在调用该函数时,只需通过"函数名 ()"即可,无参有返回值函数定义的语法格式如下所示。

```
def 函数名 ():
函数体
return 返回值
```

下面定义一个名为 add 的不包含任何参数的函数，代码 CORE0603 如下所示。

代码 CORE0603

```
# 定义名为 add 函数
def add():
# 定义 a、b、c3 个变量
a=1
b=2
c=3
# 计算 abc 相加
sum = a+b+c
# 返回 sum 变量
return sum
# 调用 add 函数
sum = add()
# 输出结果
print(" 最终结果为：",sum)
```

运行结果如图 6-4 所示。

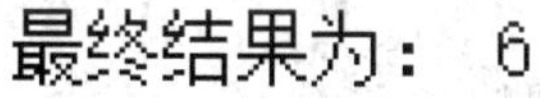

最终结果为：　6

图 6-4　无参有返回值函数

4）无参数无返回值的函数

与有参返回值函数相比，无参数无返回值的函数既不能接收参数，也不包含能够返回数据的代码，主要用于实现具有特定功能而并不需要返回数据函数的定义，语法格式如下所示。

```
def 函数名 ():
函数体
```

下面定义一个名为 name 的无参数无返回值的函数，代码 CORE0604 如下所示。

代码 CORE0604

```
# 定义函数 name
def name():
# 输出"我是无参函数，我被调用了。"
print(" 我是无参函数，我被调用了。")
# 调用函数
name()
```

运行结果如图 6-5 所示。

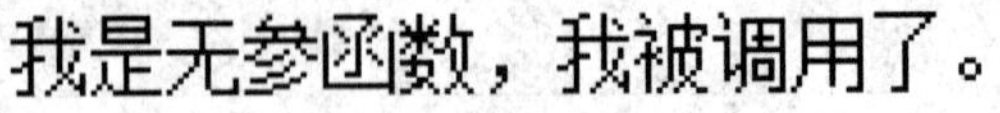

我是无参函数，我被调用了。

图 6-5　无参数无返回值的函数

4. 形参与实参

顾名思义，形参就是表示在形式上的一个参数，可以将它理解为数学中的 X，没有实际意义的值，赋值后才有意义，相当于变量；而实参就是实际意义上的参数，是一个实际存在的参数，可以是字符、字符串或数字等。

1）形参

在函数名中定义一个形参，然后在函数调用的时候，给函数名中的形参传递一个实际的参数，称之为实参，这样，函数被调用后，执行函数体时就会执行对应的操作，语法格式如下所示。

```
def 函数名 ( 形参定义 ):
函数体
函数名 ( 实参传入 )
```

下面定义一个名为 greet_user 包含形参 username 的函数，并在调用函数传入实参字符串格式的"python"，代码 CORE0605 如下所示。

```
代码 CORE0605

# 向函数传递信息
# 定义函数名 greet_user   形参为 username
def greet_user(username):
    # 显示简单的问候语
    print("hello," + username + "!" )
# 调用函数 传入实参 "python"
greet_user('python')
```

运行结果如图 6-6 所示。

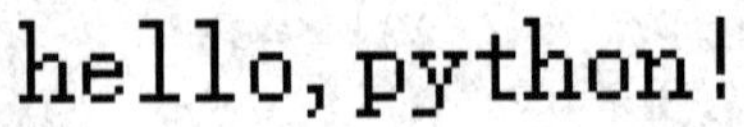

hello,python!

图 6-6　形参

2）实参

函数定义时可能包含多个实参，因此，向函数传递实参的方式同样有多中，如位置实参和关键字实参等。

● 位置实参

调用函数时，必须将函数调用中的每个实参都关联到函数定义中的一个形参。关联方式是基于实参的顺序，这被称作位置实参。语法格式如下所示。

```
def 函数名 ( 形参定义 ):
print( 形参 )# 代表着实参的位置
函数名 ( 实参传入 )
```

下面定义一个包含 animal_type 和 pet_name2 个形参的函数 describe_pet，之后传入实参对该函数进行调用，代码 CORE0606 如下所示。

代码 CORE0606

```python
# 位置实参
def describe_pet(animal_type,pet_name):
    # 显示宠物信息
    print("\nI have a " + animal_type + ".")
    print("My " + animal_type + "'s name is " + pet_name.title() + ".")
# 传入实参
describe_pet('dog','harry')
```

运行结果如图 6-7 所示。

```
I have a dog.
My dog's name is Harry.
```

图 6-7　位置实参

● 关键字实参

关键字实参是传递给函数的名称，也就是通过键值对方式直接将形参与实参关联起来，这样就不存在顺序问题，语法格式如下所示。

```
def 函数名 ( 形参定义 ):
print( 形参 )# 代表着实参的位置
函数名 ( 形参名 = 实参 )
```

下面定义一个包含 animal_type 和 pet_name2 个形参的函数 describe_pet，之后通过关键字参数方式对函数 describe_pet 进行调用，代码 CORE0607 如下所示。

代码 CORE0607

```python
# 定义名为 describe_pet 函数 , 形参为 animal_type,pet_name
def describe_pet(animal_type,pet_name):
    # 显示宠物信息
    print("\n 关键字实参示例 :")
    print("I have a " + animal_type + ".")
print("My " + animal_type + "'s name is " + pet_name.title() + ".")
# 函数调用传入实参
describe_pet(animal_type="dog",pet_name="Wangcai")
```

运行结果如图 6-8 所示。

关键字实参示例：
```
I have a dog.
My dog's name is Wangcai.
```

图 6-8   关键字参数

5. 局部变量和全局变量

全局变量和局部变量的区别在于作用域，全局变量是在整个 Python 文件中声明的，全局范围内可以使用；局部变量是在某个函数内部声明的，只能在函数内部使用，如果超出使用范围（函数外部），则会报错。

1）局部变量

定义在函数内部的变量称为局部变量，它的作用域范围在函数内，函数外无效。局部变量定义的语法格式如下所示。

```
def 函数名 ( 形参定义 ):
变量 1# 局部变量
函数体
```

下面在函数 func1 中定义一个局部变量，之后对该函数进行调用，代码 CORE0608 如下所示。

代码 CORE0608

```
def func1():
    b = "Hello,Python"# 函数内定义的 b 为局部变量
    print (b)
func1()# 执行函数 func1
```

运行结果如图 6-9 所示。

```
Hello,Python
```

图 6-9   局部变量

需要注意的是，当在函数外调用函数内的局部变量时，程序会报错。下面在函数 func1 外访问局部变量 b，代码 CORE0609 如下所示。

代码 CORE0609

```
def func1():
    b = "Hello,Python"# 函数内定义的 b 为局部变量
func1()# 执行函数 func1
print (b)
```

运行结果如图 6-10 所示。

```
Hello,Python
```

```
NameError                              Traceback (most recent call last)
<ipython-input-15-f81edb495a55> in <module>
    3     print (b)
    4 func1()# 执行函数func1
——> 5 print(b)

NameError: name 'b' is not defined
```

图 6-10　函数外访问局部变量

2）全局变量

定义在函数外的变量称之为全局变量，其作用域范围为全局。如果将函数比作国家，那么全局就是全球，全局变量就像是阿拉伯数字，世界通用。全局变量定义的语法格式如下所示。

```
变量 1 # 全局变量
def 函数名 ( 形参定义 ):
变量 2# 局部变量
函数体
```

下面定义一个全局变量，之后在函数 func1 中使用该变量，代码 CORE0610 如下所示。

```
代码 CORE0610

# 全局变量 a
a = "Hello"
def func1():
    #局部变量 b
    b = "Python"
    print (a+","+b)
func1()# 执行函数 func1
```

运行结果如图 6-11 所示。

Hello,Python

图 6-11　全局变量

当在函数外调用函数内的全局变量时，程序会直接运行。下面对上面定义的全部变量进行访问，代码 CORE0611 如下所示。

代码 CORE0611

```
# 全局变量 a
a = "Hello"
def func1():
    # 局部变量 b
    b = "Python"
    print (a+","+b)
func1()# 执行函数 func1
print(a)
```

运行结果如图 6-12 所示。

Hello,Python
Hello

图 6-12   函数外访问全局变量

由上面的定义可以看出,全局变量与局部变量主要是针对函数内外而言的。当在函数内定义一个与全局变量一样名字的变量时,相当于在函数内重新定义了一个局部变量。在函数内重新定义这个变量后,无论在函数内怎样改动这个函数的值,只会在函数内生效,对全局来说是没有任何影响的。也可以从侧面推测出,函数内定义的局部变量优先级大于全局变量。下面在函数 func1 内对全部变量 a 的值进行修改,代码 CORE0612 如下所示。

代码 CORE0612

```
# 全局变量 a
a = "Hello"
def func1():
    # 局部变量 a,b
    a = "Hi"
    b = "Python"
    print (a+","+b)
func1()# 执行函数 func1
print(a)
```

运行结果如图 6-13 所示。

Hi,Python
Hello

图 6-13   函数内修改全局变量

3）函数内定义全局变量

函数内定义全局变量是指在函数内部通过 global 关键字定义的变量,该变量能够在函数外任意位置使用,与全局变量一致,语法格式如下所示。

```
def 函数名 ( 形参定义 ):
global  变量 1# 全局变量
函数体
```

下面在函数 func 内进行全局变量的定义,代码 CORE0613 如下所示。

代码 CORE0613

```
def func():
    # 利用 global 关键词定义全局变量
    global a
    a = " 人生苦短,我用 python"
    print(a)
print(a)
func()
```

运行结果如图 6-14 所示。

```
NameError                                      Traceback (most recent call last)
<ipython-input-9-5b549026c880> in <module>
     3     a = "人生苦短,我用python"
     4     print(a)
───> 5 print(a)
     6 func()
     7 print (a)

NameError: name 'a' is not defined
```

图 6-14　函数内全局变量定义

需要注意的是,Python 在函数中定义全局变量的关键字为 global,加了 global 就是全局变量了,但是用 global 定义全局变量时不能同时赋值,要在下一行才能赋值。其次,在函数中定义了全局变量后,需要执行该函数,全局变量才生效,也就是说,需要先调用函数给全局变量赋值。下面将变量的访问与函数的调用进行变换,先调用函数再访问全局变量,代码 CORE0614 如下所示。

代码 CORE0614

```
def func():
    global a# 利用 global 关键词定义全局变量
    a = " 人生苦短,我用 python"
    print(a)
func()
print(a)
```

运行结果如图 6-15 所示。

人生苦短，我用python
人生苦短，我用python

图 6-15　函数内定义全局变量

6. return

return 语句用于将结果返回到调用的地方，并将程序的控制权一起返回，程序运行到所遇到的第一个 return 即返回（退出 def 块），一个函数可以有多个 return，但当第一个 return 执行之后，后面的 return 将不再会被执行。return 语句使用的语法格式如下所示。

```
def 函数名 ():
函数体
return 返回值
```

下面使用 return 语句将函数中代码执行后的结果返回，代码 CORE0615 如下所示。

```
代码 CORE0615
def func(a,b):
    sum = a+b
    return sum
print(" 两个数的和为：", func(2,3))
```

运行结果如图 6-16 所示。

两个数的和为： 5

图 6-16　return 语句

技能点二　类和对象

1. 面向对象概述

面向对象是一种符合人类思维习惯的编程思想。现实生活中存在着各种形态不同的事物，这些事物之间存在着各种各样的联系，在程序中使用对象来映射现实中的事物，使用对象的关系来描述事物之间的联系，这种思想就是面向对象。

类和对象是面向对象编程中最重要的两个核心概念。类是一个抽象的概念，是具有相同特征和行为的事物的集合，比如我们说"中国人"，其实"中国人"就是一个类，他们具有黑头发、黄皮肤的共同特征。对象是现实生活中看得见、摸得着的具体存在的事物，比如我们的中国同学——小明，他就是属于中国人这个类的一个对象，小明拥有中国人共同的特征——黑头发、黄皮肤，但他存在着有别于其他对象且属于自己的独特属性和行为，属性可以随着它自己的行为而发生改变,比如小明身高 180 cm、单眼皮等。

也就是说,类是对象的抽象,而对象是类的具体实例。类不占用内存,而对象占用内存。类是用于创建对象的蓝图,它是一个定义某种类型对象中的方法和变量的软件模板。

面向对象编程(Object Oriented Programming, OOP)是一种软件设计方法。随着科技水平的发展,软件编程的代码量日益增加,面向对象编程应运而生。面向对象编程主要针对大型软件设计提出,它使得软件设计更加灵活,相对于面向过程编程来讲,能够更好地支持代码复用和设计复用,并且使得代码具有很好的可读性和扩展性。

在面向对象编程中,对象可以被当成数据及一些可以存取或操作数据的方法的集合。对象主要有以下 3 个特点。

● 封装性:实现对象信息隐蔽,利用接口隐蔽对象内部的工作细节。

● 继承性:实质上就是通过建立专门的类来实现数据共享。

● 多态性:不同类的对象使用相同的操作可以得到不同的执行结果。

下面简要学习这 3 个特点,具体如下。

1)封装性

封装性主要体现在,程序在运行的过程中隐藏对象实现的具体细节。通俗地讲,可以把封装性理解为一个盒子,将某些功能和组件放在盒子里,盒子有一个开口,当你想实现具体功能时直接调用即可。假设盒子内的有个组件叫 A(私有),而盒子外也有个组件叫 A(公有),想实现 A 这个组件功能时,通过构造方法可以使用盒子内中 A 组件(私有)的功能,而盒子外 A 组件(公有)的功能可以直接调用,这种特性存储不会因为变量或方法名的相同而混淆。

2)继承性

继承性主要体现在代码的复用上,假设类 A 具有功能 a 的作用,类 B 具有功能 b 的作用,此时需要自定义一个新类 C 并且具有 a 和 b 的功能,将类 A 和类 B 的代码直接粘贴过来就显得过于烦琐,此时就可以利用子类继承父类的方式,实现代码复用。

3)多态性

多态性主要体现在当不知道变量的类型时,依旧可以进行相关操作。通俗地讲就是父类中的某个方法被子类重写时,可以各自有不同的执行方式,程序会根据对象类型的不同而进行不同的运算。

2. 类的定义

类(Class)是面向对象编程(OOP, Object Oriented Programming)实现数据封装的基础。例如,"鸟"是一个类,燕子、喜鹊、老鹰等都是属于"鸟"这个类当中的具体实例(具体某件事物),可以把"鸟"看作所有鸟的集合,同样的"鸟"也属于"动物"这个行列,还可以把"鸟"看作"动物"的子集,而"动物"是"鸟"的超类。

类的定义是从关键字 class 开始的,当执行完 class 的整段代码块之后,这个新定义的类才会生效,进入类定义部分后,系统会为该类创建一个新的局部作用域,而在类中定义的数据和方法都会隶属于该局部作用域的变量。类一般由类名、属性和方法 3 个部分组成,如下。

● 类名

类的名称首字母需要大写,如果类名需要由多个单词组成,则每个单词的首字母都大写,这种命名方法称之为驼峰命名。

● 属性

用于描述事物的特征,例如狗的品种、颜色、年龄等都是用变量来表示的。

● 方法

类中定义的函数用于描述事物的行为,比如狗具有叫、奔跑等行为。对类的函数和方法成员命名时,通常采用小写字母,如果有多个单词构成函数名或方法名时,采用连接线相连的形式。

定义一个类的语法格式如下所示。

```
class 类名:
    属性列表
    方法列表
```

下面定义一个名为 Dog 的类,类中包含 name 变量和 run() 方法,代码 CORE0616 如下所示。

```
代码 CORE0616
class Dog:
    name=""
    def run(self,name):
        self.name = name
        print(" 我叫 "+name+", 我会跑 ")
dog=Dog()
dog.run(" 旺财 ")
print(" 狗狗的名字叫做:"+dog.name)
```

运行结果如图 6-17 所示。

我叫旺财, 我会跑
狗狗的名字叫做: 旺财

图 6-17　类定义

在案例 0616 中出现了一个 self 关键字,在 Python 类中规定,函数的第一个参数是实例对象本身,并且约定俗成,把其名字写为 self。其作用相当于 JAVA 中的 this,表示当前类的对象,可以调用当前类中的属性和方法。

3. 类的对象

类的对象有 2 种操作,分别是属性引用和实例化。属性引用的使用和 Python 中所有属性引用一样,标准语法为 obj.name。类对象创建后,类命名空间中所有的命名都是有效属性名。下面使用属性引用方式对类中包含的属性进行获取,代码 CORE0617 如下所示。

```
代码 CORE0617
# 类的创建
class MyClass:
    age=20
    name =" 王 "
    def sayHello(self,name,age):
        print(" 大家好,我是新来的同学,我姓 :",name)
        print(" 我今年 ",age," 岁了 ")
# 实例化对象创建
w = MyClass
# 通过实例化对象对属性进行引用
w.sayHello(w.name,w.age)
```

以上创建了一个新的类,类中包含了两个变量以及一个方法。并且创建了一个新的类实例的对象,赋值给了局部变量 w。 再使用 w 去调用类中的一些方法以及变量,运行结果如图 6-18 所示。

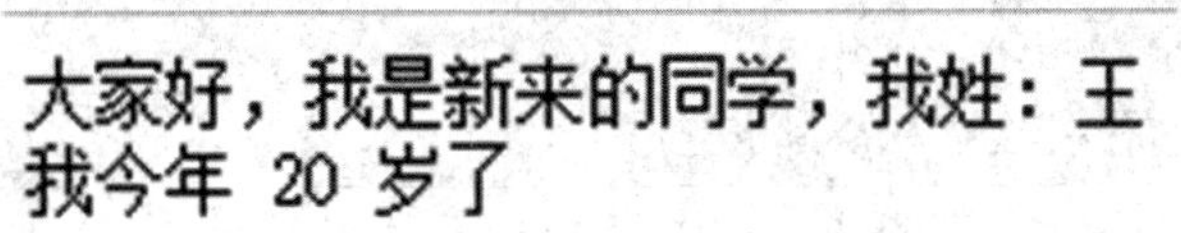

大家好,我是新来的同学,我姓: 王
我今年 20 岁了

图 6-18　对象创建

技能点三　类与成员的方法

在 Python 中成员方法可分为公有方法、私有方法、静态方法和类方法 4 类,它们的区别如下。

● 公有方法:自定义的普通成员方法,如同可以通过对象名直接调用的方法和属性。

● 私有方法:私有方法的名字以两个下画线"__"开始。

● 静态方法:静态方法可以没有参数,可以通过类名和对象名调用,但不能直接访问属于对象的成员,只能访问属于类的成员。

● 类方法:一般将"cls"作为类方法的第一个参数名称,但也可以使用其他命名的参数,在调用类方法时不需要为该参数传递值。可以通过类名和对象名直接调用,但不能直接访问属于对象的成员,只能访问属于类的成员。

类中有一个名为 __init__() 的特殊方法,也称之为构造方法,该方法在类实例化时会自动调用。

1. 构造方法

__init__(self) 这个方法就是构造函数,在实例化时自动调用。如果这个函数内有打印的方法,当实例化后会打印里面的信息。__init__ 方法的第一个固定参数为 self,表示创建实例本身,在 __init__ 方法内部,可以把各种属性绑定到 self,因为 self 指向创建的实例本身。有了 __init__ 方法,在创建实例时,就不能传入空的参数了,必须传入与 __init__ 方法相匹配的参数,但 self 不需要传,Python 解释器自己会把实例变量传进去。下面使用 __init__(self) 实现构造函数的定义,代码 CORE0618 如下所示。

```
代码 CORE0618

class Dog:
    name=""
    action=""
    def __init__(self,name,action):# 构造函数
        self.name = name
        self.action = action
        self.eat()
    def eat(self):
        print(" 一只名为 :"+self.name+" 的狗狗正在 "+self.action)
dog = Dog(" 旺财 "," 吃饭 ")
print(" 狗狗名字 :"+dog.name)
print(" 狗狗正在做什么 :"+dog.action)
```

运行结果如图 6-19 所示。

一只名为：旺财的狗狗正在吃饭
狗狗名字：旺财
狗狗正在做什么：吃饭

图 6-19 构造方法

由上述代码可以看到,当我们实例化一个类对象时,类中的 __init__ 构造函数会自动执行,并将传入的参数进行处理。

2. 析构方法

__del__(self) 这个方法就是析构函数,是在实例被销毁时自动调用的。当使用 del 删除对象时,会调用它本身的析构函数,另外当对象在某个作用域中调用完毕,在跳出其作用域的同时,析构函数也会被调用一次,这样可以用来释放内存空间。需要注意的是,析构函数在实例被销毁时执行,但不是必须的。下面使用 __del__(self) 进行析构函数的定义,代码 CORE0619 如下所示。

```
代码 CORE0619
class Time:
  def __init__(self,name):
    self.name=name
  def __del__(self):
    print(' 正在执行 ')
f1=Time('c1')
del f1 # 删除对象 所以可以触发
# del f1.name  这是属性的删除 不会触发
print("_____>") # 进行垃圾回收  自动触发 del 函数
#del 整个实例删除时才会触发
```

运行结果如图 6-20 所示。

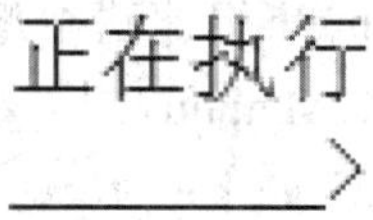

正在执行
_____>

图 6-20　析构方法

3. 成员方法

1）公共方法

公共方法是在创建好的类中编写的一个普通方法,不具有任何修饰符,无论是子类还是实例对象都可以进行调用。前面所讲的 eat() 方法就一个公共方法。

2）私有方法

私有方法以两个下画线开头,声明该方法为私有方法,只能在类的内部调用（类内部其他方法中调用）,不能在类的外部调用。下面分别实现私有方法的定义和调用,代码CORE0620 如下所示。

```
代码 CORE0620
class Method:
def __p(self):
# 内部函数也同样可以任意之间互相调用
    print("__p 方法 ( 私有方法 ): 这是私有方法 ")
  def p1(self):
    print("p1 方法 : 这是 p1 不是私有方法 ")
  def p2(self):
    print("p2 方法 : 这是 p2, 可以调用 p1, 也可以调用私有方法 __p")
    self.p1()
    self.__p()
```

```
# 创建对象
c1 = Method ()
c1.p1()
c1.p2()
```

运行结果如图 6-21 所示。

p1方法:这是p1不是私有方法
p2方法:这是p2,可以调用p1,也可以调用私有方法__p
p1方法:这是p1不是私有方法
__p方法(私有方法):这是私有方法

图 6-21　私有方法

3）静态方法

静态方法需要通过修饰器 @staticmethod 来进行修饰,不需要创建对象,只需通过类名称即可完成静态方法的调用。下面在类 Method 中定义一个静态方法 getCountry 后,通过类名称进行该方法的调用,代码 CORE0621 如下所示。

代码 CORE0621

```
class Method(object):
    country = 'china'
    @staticmethod
    # 静态方法
    def getCountry():
        return Method.country
print (Method.getCountry())
```

运行结果如图 6-22 所示。

china

图 6-22　静态方法

4. 类方法

类方法是类所拥有的方法,需要用修饰器 @classmethod 来标识其为类方法,对于类方法,第一个参数必须是类对象,一般以 cls 作为第一个参数,也可以有别的参数。但是第一个必须是类对象,与类中的 def 定义的普通方法第一个参数要是 self 是一样的道理。下面定义多个类方法,之后对类方法进行调用,代码 CORE0622 如下所示。

代码 CORE0622

```
class Method:
    country = 'china'
#类方法,用 classmethod 来进行修饰,与普通方法的区别就是可以直接通过类名.方
法名的方式调用
    @classmethod
    def getCountry(cls):
        return cls.country
    @classmethod
    def sum(cls,a,b):
        return a+b
m = Method()
print (m.getCountry()) #可以用过实例对象引用
print (Method.getCountry() )  #可以通过类名.方法名的形式调用
print(m.sum(11,11))
print(Method.sum(11,11))
```

运行结果如图 6-23 所示。

```
china
china
22
22
```

图 6-23　类方法

技能点四　类的继承与重载

面向对象编程（OOP）语言的一个主要功能就是"继承"。继承是指可以使用现有类的所有功能,并在无须重新编写原来的类的情况下对这些功能进行扩展。

通过继承创建的新类称为"子类"或"派生类",被继承的类称为"基类""父类"或"超类",继承的过程,就是从一般到特殊的过程。在某些 OOP 语言中,一个子类可以继承多个基类。但是一般情况下,一个子类只能有一个基类,要实现多重继承,可以通过多继承来实现。

1.类的继承

继承性是面向对象编程的重要特性之一,是为代码复用和设计复用而设计的。自定义

一个新类时可以继承一个已有的类然后进行二次开发，这会大幅度减少开发的工作量。子类可以继承父类的公有成员，但是不能直接继承其私有成员。

Python 同样支持类的继承，如果一种语言不支持继承，类就没有什么意义。语法格式如下。

```
class 类名 ( 父类名 ):
    语句块
```

子类会继承父类的属性和方法。父类必须与子类定义在一个作用域内。除了类，还可以用表达式，在父类定义在另一个模块中时这一点非常有用，代码 CORE0623 如下所示。

代码 CORE0623

```
class Person:
    def say():
        print(" 我是人 ")
class Chinese(Person):
    def walk():
        print(" 我是中国人，我很骄傲 ")
c = Chinese
c.say()
c.walk()
```

运行结果如图 6-24 所示。

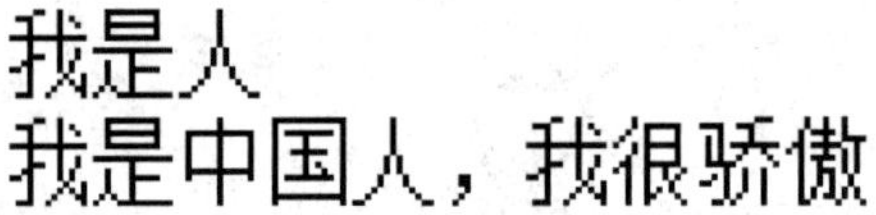

我是人
我是中国人，我很骄傲

图 6-24　类的继承

2. 多继承

Python 支持多重继承。子类继承多个父类的格式，是将多个父类的类名写在某个类的"class"语句后的"( )"中并用逗号分开，如果父类中有相同的方法名，而在子类中使用时没有指定父类名，则 Python 解释器将从左向右按顺序进行搜索，语法格式如下所示。

```
class 子类名 ( 父类 A, 父类 B):
    语句块
```

需要注意圆括号中的父类名的顺序，如果父类中有相同的方法名，而在子类中使用时未能准确地指出，Python 将会从左至右进行搜索，如果该方法未能在子类中找到，就会从父类中寻找是否包含此方法。下面分别定义 3 个类，并实现类的多继承，代码 CORE0624 如下所示。

代码 CORE0624

```
class Run:
    def run(self):
        print(" 我可以跑 ")
class Jump:
    def jump(self):
        print(" 我可以跳 ")
class Dog(Run,Jump):
    def __init__(self):
        print(" 我叫旺财,是一条狗狗,我有很多技能。")
        Run.run(self)
        Jump.jump(self)
dog = Dog()
```

运行结果如图 6-25 所示。

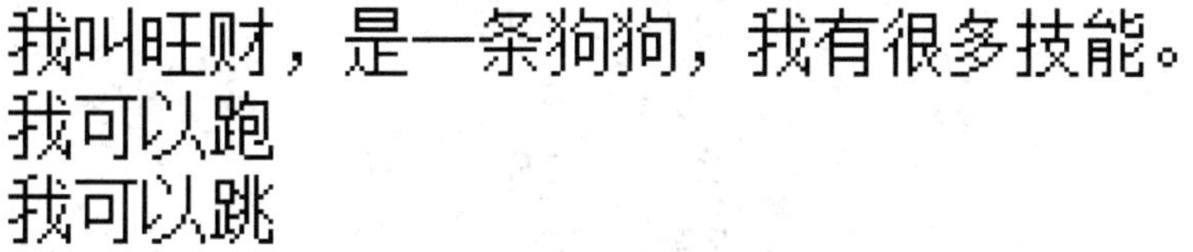

我叫旺财，是一条狗狗，我有很多技能。
我可以跑
我可以跳

图 6-25 多继承

3. 方法重载

父类的成员都会被子类继承,当父类中的某个方法不适用于子类中,就需要在子类中重新编写父类中的这个方法,语法格式如下所示。

```
class 父类名:
    def 父类方法名 ():
        代码块
class 子类名 ( 父类名 ):
    def 和父类方法名相同 ():
        代码块
```

下面创建类 AddSubMulDiv 和 Calculator, Calculator 类继承 AddSubMulDiv 并且重写父类中的 add() 方法,代码 CORE0625 如下所示。

代码 CORE0625

```
class AddSubMulDiv:
    def add(self,num1,num2):
        return num1+num2
    def sub(self,num1,num2):
```

```
        return num1-num2
    def multiply(self,num1,num2):
        return num1*num2
    def divide(self,num1,num2):
        return num1/num2
class Calculator(AddSubMulDiv):
    def add(self,num1,num2,num3,num4):
        return num1+num2+num3+num4
cal = Calculator()
print(" 加:",cal.add(1,2,3,4))
print(" 减:",cal.sub(5,1))
print(" 乘:",cal.multiply(5,5))
print(" 除:",cal.divide(10,2))
```

运行结果如图 6-26 所示。

加: 10
减: 4
乘: 25
除: 5.0

图 6-26　方法重载

如上述代码,可以看到父类中具有方法 run(),而父类的方法并不能满足子类的需要,因而子类 Child() 中重新编写了 run() 方法,来满足子类的需要。

注意:如本类中和父类同时存在这一方法名称,将只会执行本类中的这一方法,不会调用父类的同名方法 (包括 __init__())。

通过以上的学习,使读者可以了解 Python 面向对象编程的方法以及类与函数的创建和调用,为了巩固所学的知识,通过以下几个步骤实现使用 Python 实现数学计算器。

第一步:创建名为 multiplication_division 的函数,用于计算一个不含括号的最小乘除单元,用 split 按照"*"或"/"进行分割并返回,函数名为 multiplication_division,代码 CORE0626 如下所示。

代码 CORE0626

```
import re
def multiplication_division(s):    #s 为接收包含乘除的算式
ret = float(s.split('*')[0]) * float(s.split('*')[1]) if '*' in s else float(s.split('/')[0]) / float(s.spl
it('/')[1])
    return ret
print('multiplication_division 函数测试 ')
print(multiplication_division('1*1'))
```

结果如图 6-27 所示。

```
multiplication_division函数测试
1.0
```

图 6-27　multiplication_division 函数测试

第二步：创建名为 remove_md 的函数，用于判断算式中是否包含"*"和"/"，如果不包含则返回算式本身，如果包含使用正则找到包含乘除法的算式，调用 multiplication_division 函数将计算结果替换到原始算式中并进行递归处理，代码 CORE0627 如下所示。

代码 CORE0627

```
def remove_md(s):
    if '*' not in s and '/' not in s:
        return s
    else:
        k = re.search(r'-?[\d\.]+[*/]-?[\d\.]+', s).group()
        s = s.replace(k, '+' + str(multiplication_division (k))) if len(re.findall(r'-', k)) == 2 else
s.replace(k, str(multiplication_division(k)))
        return remove_md(s)
print('remove_md 函数测试 ')
print(remove_md('1*1/2'))
```

结果如图 6-28 所示。

```
remove_md函数测试
0.5
```

图 6-28　remove_md 函数测试

第三步：创建名为 addition_subtraction 的函数用于计算只包含加减法的算式，将算式转换为列表最后循环计算结果并返回，代码 CORE0628 如下所示。

代码 CORE0628

```python
def addition_subtraction(s):
    l = re.findall('(([\d\.]+|-|\+)', s)
    if l[0] == '-':
        l[0] = l[0] + l[1]
        del l[1]
    sum = float(l[0])
    for i in range(1, len(l), 2):
        if l[i] == '+' and l[i + 1] != '-':
            sum += float(l[i + 1])
        elif l[i] == '+' and l[i + 1] == '-':
            sum -= float(l[i + 2])
        elif l[i] == '-' and l[i + 1] == '-':
            sum += float(l[i + 2])
        elif l[i] == '-' and l[i + 1] != '-':
            sum -= float(l[i + 1])
    return sum
print('addition_subtraction 函数测试 ')
print(addition_subtraction('1+2+3'))
```

结果如图 6-29 所示。

```
addition_subtraction函数测试
6.0
```

图 6-29　addition_subtraction 函数测试

第四步：设置名为 operation 的函数，在该函数中去掉用户输入算式过程中输入的空格并调用 addition_subtraction 和 remove_md2 个函数，代码 CORE0629 如下所示。

代码 CORE0629

```python
def operation(s):
    s = s.replace(' ', '')
    return addition_subtraction(remove_md(s))
print('operation 函数测试 ')
print(operation('1  + 2 + 3'))
```

结果如图 6-30 所示。

```
operation函数测试
6.0
```

图 6-30 operation 函数测试

第五步：创建名为 start_calculate 的函数，用于区分调用有括号计算与无括号计算，如果没有括号直接调用 operation 函数计算，如果有括号，匹配到的括号里面的表达式交给 operation 处理后重新拼接成字符串递归处理，代码 CORE0630 如下所示。

代码 CORE0630

```
def start_calculate(expression):
    if not re.search(r'\([^()]+\)', expression):
        return operation(expression)
    k = re.search(r'\([^()]+\)', expression).group()
    expression = expression.replace(k, str(operation(k[1:len(k) - 1])))
    return start_calculate(expression)
print('start_calculate 函数测试 ')
print(start_calculate('(1 + 2 + 3)*8/2'))
```

结果如图 6-31 所示。

```
start_calculate函数测试
24.0
```

图 6-31 start_calculate 函数测试

第六步：使用 input 函数让用户输入要计算的公式，并调用 start_calculate 函数开始计算，最后输出计算结果，代码 CORE0631 如下所示。

代码 CORE0631

```
s = input(" 请输入计算公式:")
print(' 计算器计算结果为 ', start_calculate(s))
```

第七步：运行程序输入算式（15+12）*6+1，最终效果如图 6-1 所示。

至此，Python 计算器完成。

本项目通过计算器制作的实现，使读者对函数的定义、调用等相关知识有了初步了解，

对类、对象、成员方法、继承与重载等知识所了解并掌握，并能够通过所学的函数与面向对象相关知识实现计算器制作的实现。

return	返回	none	没有
global	全球的	object	对象
oriented	面向的	programming	编程
class	班	self	自己
static	静止的	method	方法

一、选择题

（1）函数的定义需要关键字（　　　）。

A. del　　　　　　　　B. class　　　　　　　C. def　　　　　　　D. global

（2）根据函数参数的不同，可以将 Python 中的函数分为（　　　）个类别。

A. 1　　　　　　　　　B. 2　　　　　　　　　C. 3　　　　　　　　D. 4

（3）以下不属于对象特点的是（　　　）。

A. 封装性　　　　　　　B. 可移植性　　　　　　C. 继承性　　　　　　D. 多态性

（4）Python 中成员方法有（　　　）类。

A. 1　　　　　　　　　B. 2　　　　　　　　　C. 3　　　　　　　　D. 4

（5）下列不属于类组成部分的是（　　　）。

A. 变量　　　　　　　　B. 类名　　　　　　　　C. 属性　　　　　　　D. 方法

二、简答题

（1）简述函数的优势。

（2）简述类和对象的关系。

项目七　Python 文件操作及异常处理

学习目标

　　本项目通过对学生信息管理系统的实现,使读者了解对文件的操作过程,熟悉 Python 操作文件的过程,掌握 Python 操作文件的访问、异常处理的相关应用,具有使用 Python 文件和异常处理操作知识实现学生管理系统的能力,在任务实施过程中:

● 了解文件打开、关闭和读写等相关操作。
● 熟悉常用文件模式。
● 掌握文件常用方法的使用。
● 具有实现学生管理系统的能力。

学习路径

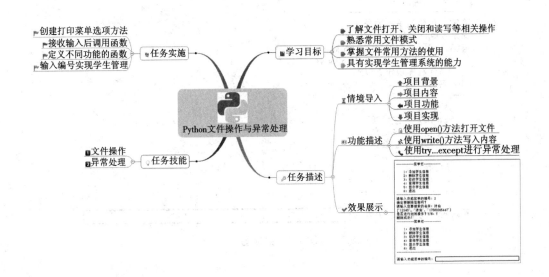

【情境导入】

改革开放以来，国家对教育的投入逐年增加，每年升学率都在增加，学校通过以往传统的信息管理方式很难实现对如此大量的学生信息的登记和管理。Python 能够实现对文本文件的读取和写入，本项目通过对 Python 的文件操作和异常处理实现学生信息管理系统。

【功能描述】

● 使用 open() 方法打开文件。
● 使用 write() 方法写入内容。
● 使用 try…except 进行异常处理。

【效果展示】

读者通过本项目的学习，能够使用 Python 进行文件操作和异常处理，并能够进行文件的读写，最终实现学生管理系统。效果如图 7-1 所示。

```
----------菜单栏----------

      1：添加学生信息
      2：删除学生信息
      3：修改学生信息
      4：查询学生信息
      5：显示学生信息
      6：退出
-----------------------------
请输入功能菜单的编号：2
确定要删除信息吗?
请输入您要搜索的名字：诗仙
['12345', '诗仙', '17588965447']
是否进行对其操作?Y/N: Y
删除成功!
----------菜单栏----------

      1：添加学生信息
      2：删除学生信息
      3：修改学生信息
      4：查询学生信息
      5：显示学生信息
      6：退出
-----------------------------
请输入功能菜单的编号：[                    ]
```

图 7-1　效果图

技能点一　文件操作

在 python 中，文件操作一般包括打开文件、关闭文件、读写文件，其中打开文件是打开指定的目标文件，读写文件是对目标文件进行数据的写入和读取，最后将操作完成的文件关闭。

1. 文件概述

所谓文件，是指记录在存储介质上的一组相关信息的集合。存储介质种类多样，如常见的纸质存储介质（纸张以及打印出来的照片等），电子媒介（计算机磁盘、光盘、U 盘或其他电子媒体介质等）。

一个文件是一个整体，可以存放到磁盘中，或者在被运用时，从磁盘读到内存中。文件作为一个整体，有自己的名字、一定的长度、被修改的最后日期等许多特有的附带信息来把它与别的文件区分开来。

1）文件存储类型

文件可分为文本文件和二进制文件，在常见的操作系统下，能够使用文件编辑器进行操作的文件，称为文本文件。其余类型的文件均属于二进制文件。文本文件与二进制文件的区别在于二进制文件处理效率更高。

目前计算机中比较常见的文件包括文本文档、图片和可执行程序等。文件的名称主要由 2 个部分组成，分别为文件名和文件的扩展名，中间使用"."进行分割即"文件名 . 扩展名"，文件的扩展名虽然能够任意修改，但修改后可能会造成文件损坏或内容丢失等情况，因而不建议进行修改，常见扩展名与文件类型对应见表 7-1。

表 7-1　常见扩展名与文件类型对应表

文件类型	扩展名
文档文件	.txt、.doc、.hlp、.wps、.rtf、.html、.pdf
压缩文件	.rar、.zip、.arj、.gz、.z
图形文件	.bmp、.gif、.jpg、.pic、.png、.tif
声音文件	.wav、.aif、. au、. mp3. ram、.wma 等
动画文件	.avi、. mpg、. mov、. swf
系统文件	.int、.sys、.dll、.adt

文件类型	扩展名
可执行文件	.exe、.com
备份文件	.bak
临时文件	.tmp
模板文件	.dot
批处理文件	.bat

2）文件路径

路径是指当某个项目或程序需要读取本地文件系统中的文件时所指定的文件的地址。针对于程序或项目来说，文件的路径可分为两类，分别为相对路径和绝对路径。相对路径与绝对路径说明如下。

● 绝对路径

绝对路径指文件在磁盘上的完整路径，如 C:\windows\photo\123.jpg，由文件名、完整路径和驱动器字母组成。以 Windows 为例，假设 D 盘根目录中有一个名为 pathfile 的目录，该目录中包含有一个名为"openjpg.py"的 python 程序和一个名为"123.jpg"的图片，若需要使用"openjpg.py"文件读取"123.jpg"时，绝对路径应写为"D:\pathfile\123.jpg"。需要注意的是绝对路径的缺点是如果将整个 pathfile 文件夹移动到其他盘符或部署到其他服务器时，并不一定包含 D 盘这个盘符，这时使用绝对路径"D:\pathfile\123.jpg"会导致无法找到这个文件。

● 相对路径

相对路径就是指由这个文件所在的路径引起的与其他文件（或文件夹）的路径关系。如上述文件"openjpg.py"和"123.jpg"，相对于"openjpg.py"，文件名为"123.jpg"的文件在同一级目录，所以使用"openjpg.py"文件读取"123.jpg"文件时可以直接写文件名，相对路径使用用符号"/"表示，具体使用方式如下。

➤ 在斜杠"/"前面加一个点，即（./）表示当前文件的根目录。

➤ 在斜杠"/"前面加两个点，即（../）表示父级目录或上一级目录。

相对路径的优点在于将项目文件夹部署到任何位置都能够访问到对应项目下的文件。

2. 文件操作的函数和方法

在 python 中，文件操作一般包括打开文件、读取文件、写入文件、关闭文件，其中打开文件是打开指定的目标文件，读写文件是对目标文件进行数据的写入和读取，最后将操作完成的文件关闭，具体操作见表 7-2。

表 7-2　文件操作的函数和方法

函数 / 方法	说明
open()	打开文件，并且返回文件对象
read()	将文件内容读取出来

函数 / 方法	说明
write()	将指定内容写入文件
close()	关闭文件
readline()	对文件进行行读取
writeline()	对文件进行行写入

1）打开文件

在我们想要以什么方式打开文件时，我们需要用到"open()"函数中的"mode"参数。"mode"参数就是文件操作的模式选择。具体打开文件需要用到的模式见表 7-3 所示。

表 7-3　文件操作模式

模式	说明
r	读模式，如果文件不存在则抛出异常（默认模式，可省略）
w	写模式，如果文件已存在，先清空原有内容，如果文件不存在，则创建一个新文件进行写入
x	写模式，创建新文件，如果文件已存在则抛出异常
a	追加模式，不覆盖文件中原有内容
b	二进制模式（可与其他模式组合使用）
+	读、写模式（可与其他模式组合使用）

注：open() 函数默认以只读方式打开文件，并返回文件对象。在开发中更多的时候会以只读或只写的方式来操作文件。

打开文件在使用 open() 函数的过程中需要注意函数参数的使用，具体语法格式如下所示。

```
open(file_name,mode,buffering,encoding=None)
```

open() 函数常用参数见表 7-4。

表 7-4　函数参数表

参数名	说明
file_name	指定被打开的文件名称
mode	指定打开文件后的处理模式
buffering	指定读写文件缓存模式。0 表示不缓存模式，1 表示缓存模式，-1 表示默认缓冲区的大小，大于 1 则表示缓冲区的大小。默认值是缓存模式
encoding	指定对文本进行编码和解码的方式，只适用于文本模式，可以使用 python 支持的任何格式，如 GBK，UTF-8，CP936 等

通过使用打开本地 C 盘下字体文件来学习 open() 函数的使用，代码 CROE0701 如下

所示。

> 代码 CROE0701
>
> ```
> f = open("C:\\Windows\Fonts\cambria.ttc")
> print(f)
> ```

效果如图 7-2 所示。

```
<_io.TextIOWrapper name='C:\\Windows\\Fonts\\cambria.ttc' mode='r' encoding='cp936'>
```

图 7-2　文件打开

如果打开一个在路径下不存在的文件,代码 CORE0702 如下所示。

> 代码 CORE0702
>
> ```
> f = open("C:\\python ")
> ```

效果如图 7-3 所示。

```
FileNotFoundError                        Traceback (most recent call last)
<ipython-input-15-971d7d597fae> in <module>
----> 1 f = open("C:\\python")

FileNotFoundError: [Errno 2] No such file or directory: 'C:\\python'
```

图 7-3　文件打开失败

综上可以看到,运行正确的"open()"函数会返回可迭代的文件对象,通过该文件对象可以对文件进行读写操作。如果由于指定文件不存在、访问权限不够、磁盘空间不够或者其他原因导致创建文件对象失败则抛出异常。

2)写入文件

写入文件就是将一段数据写入到目标文件中,这里使用 write() 方法来进行文件的写入,具体语法格式如下。

```
f = open("file_name","w")    # 以只写的方式打开文件
f.write(" ")        # 文件对象调用 write() 方法,进行数据的写入
```

通过在 E 盘建立一个"text.txt"文件,向这个文件中写入数据来学习 write() 方法的使用,最后调用 close() 方法关闭文件流,代码 CORE0703 如下所示。

> 代码 CORE0703
>
> ```
> f = open("E:\\text.txt","w")
> f.write("hello,python")          # 写入文件
> f.close()
> ```

效果如图 7-4 所示。

图 7-4　写入文件

3) 读取文件

读取文件就是将目标文件中的数据内容读取出来, 这里使用 read() 方法来进行文件的读取, 具体语法格式如下。

```
f = open("file_name","r")   # 以只读的方式打开文件
f.read(" ")        # 文件对象调用 read() 方法, 进行数据的读取
```

上节操作向 "text.txt" 文件中写入了 "hello, python" 字符串, 通过 read() 方法, 我们来学习如何将文本数据读取出来, 代码 CORE0704 如下所示。

代码 CORE0704

```
f = open("E:\\text.txt","r")
f.read()            # 读取文件
```

效果如图 7-5 所示。

'hello,python'

图 7-5　读取文件

如果要读取指定长度的数据, 只需要在 "read()" 函数中写入要读取的数据长度。代码码 CORE0705 如下所示。

代码 CORE0705

```
f = open("E:\\text.txt","r")
f.read(5)   # 需要读取的数据长度
```

效果如图 7-6 所示。

'hello'

图 7-6　读取数据长度

4) 按行读写文件

read() 方法默认会把文件的所有内容一次性读取到内存, 如果文件太大, 对内存的占用会非常严重, 当遇到这种情况时, 可以使用 "readline()" 函数和 "writeline()" 函数对文件进行操作。

● 按行读取文件

readline() 方法可以一次读取一行内容, 方法执行后, 会把文件指针移动到下一行, 准备再次读取。

通过读取文本中的一段数据如图 7-7 所示。

图 7-7　文本数据

使用 readline() 方法来学习按行读取，代码 CORE0706 如下所示。

代码 CORE0706
f = open("E:\\text.txt","r") f.readline()　　# 行读取

效果如图 7-8 所示。

```
'Welcome to learn Python!\n'
```

图 7-8　按行读取文本数据

可以看到，"行读"操作从当前位置开始一直读到换行符出现"\n"，换行符也读取。因为每次"行读"操作仅读取一行数据，所以将数据读完需要连续读取多次。此时可以利用循环进行数据读取，代码 CORE0707 如下所示。

代码 CORE0707
f = open("E:\\text.txt","r") for i in range(3):
file = f.readline() 　print(file)

效果如图 7-9 所示。

```
Welcome to learn Python!

Where there is a will, there is a way.

Study hard and make progress every day.
```

图 7-9　连续行读数据

这里还可以使用 readlines() 的方法，将读取文件中所有行的数据并转换为列表，代码 CORE0708 如下所示。

代码 CORE0708
f = open("E:\\text.txt","r") f.readlines()　　　# 行读取，并转换为列表

效果如图 7-10 所示。

```
['Welcome to learn Python!\n',
 ' Where there is a will, there is a way.\n',
 ' Study hard and make progress every day.']
```

图 7-10　将字符串数据转换为列表

● 按行写入文件

按行写入文件使用"writeline()"函数,传送给该函数一个字符串列表,它会将所有的字符串都合成一个字符串写入文件。代码 CORE0709 如下所示。

```
代码 CORE0709

# 创建一个列表
buf = ['Welcome to learn Python!',
 'Where there is a will, there is a way.',
 'Study hard and make progress every day.']
f = open("E:\\text1.txt","w")
f.writelines(buf)          # 按行写入文件
f.close()
f = open("E:\\text1.txt","r")
f.read()
```

效果如图 7-11 所示。

```
'Welcome to learn Python!Where there is a will, there is a way.Study hard and make progress every day.'
```

图 7-11　写入行文件

5)关闭文件

文件读写操作后都会添加"f.close()"语句,它有什么作用呢?该语句是文件关闭语句,当对文件内容进行读写操作后,一定要关闭文件对象,这样才能保证所做的任何修改都确实被保存到文件中。

但是有时即使写了关闭文件的代码,也无法保证文件一定能够正常关闭。例如,如果在打开文件之后和关闭文件之前发生了错误导致程序崩溃,这时文件就无法正常关闭,所以在管理文件对象时推荐使用"with"关键字,可以有效地避免这个问题。"with"具体语法格式如下所示。

```
with open(file_name,mode,buffering,encoding=None) as fp:
```

通过读取 text.txt 文件,来学习"with"关键字的使用,代码 CORE0710 如下所示。

```
代码 CORE0710

with open("E:\\text.txt","r") as fp:      #"fp"为文件对象。
    fp.read()
```

效果如图 7-12 所示。

```
'hello,python'
```

图 7-12　关闭文件

使用"with"关键字后,文件关闭则不需要"f.close()"语句,从而有效地提高了文件读写的安全性。

3. os 文件 / 目录操作

一个计算机系统中有成千上万个文件,为了便于对文件进行存取和管理,会创建一个文件目录来存放要存储的文件,在 python 中如果要执行文件 / 目录管理操作,例如创建、重命名、删除、改变路径、查看目录内容等,需要导入 os 模块。os 模块提供了非常丰富的方法来处理文件和目录,具体的方法见表 7-5。

表 7-5　os 模块的方法

方法名	说明
rename()	将当前文件名重新命名
remove()	删除目标文件
listdir()	查看目录内容
mkdir()	创建目录
rmdir()	删除目录
getcwd()	获取当前工作目录
chdir()	修改工作目录
path.isdir()	判断是否为目录

1）文件重命名

文件重命名就是将当前的文件名改为新文件名,一般使用 os 模块中"rename()"方法,具体语法格式如下。

```
os.rename("当前文件名","新文件名")
```

通过使用"rename()"方法实现将"old.txt"改为"new.txt",代码 CORE0711 如下所示。

```
代码 CORE0711

# 导入 os 模块
import os
# 重命名文件
os.rename("old.txt"," new.txt")    # 默认在当前路径下
```

效果如图 7-13 所示。

☐　🗋 old.txt

☐　🗋 new.txt

图 7-13　文件重命名

2）文件删除

文件删除就是将目标文件进行删除，一般使用"remove()"方法，具体语法格式如下。

os.remove(" 目标文件 ")

通过使用 rename() 方法实现将 new.txt 文本文件删除，代码 CORE0712 如下所示。

代码 CORE0712

```
import os
os.remove("new.txt")    # 删除文件
f = open("new.txt","r")    # 打开被删除的文件，进行验证是否删除
f.read()
```

效果如图 7-14 所示。

```
FileNotFoundError                          Traceback (most recent call last)
<ipython-input-11-28e818c57835> in <module>
      3 os.remove("new.txt")
      4 #打开删除文件，进行验证
----> 5 f = open("new.txt","r")
      6 f.read()

FileNotFoundError: [Errno 2] No such file or directory: 'new.txt'
```

图 7-14　删除文件

3）创建和删除目录

目录相当于一个容器，将多个文件或其他目录存储在一起。多个文件通过存储在一个目录中，可以达到有组织地存储文件的目的。这里学习使用"mkdir()"和"rmdir()"方法实现目录的创建和删除，语法格式如下。

os.mkdir("new_dir")   # 创建目录
os.rmdir("rm_name")   # 删除目录

通过在 E 盘下创建一个新的目录，来学习"mkdir()"的使用，代码 CORE0713 如下所示。

代码 CORE0713

```
import os
os.mkdir("file")    # 在当前路径下创建目录
os.getcwd()    # 显示当前工作目录
```

效果如图 7-15 和图 7-16 所示。

📁 file

'E:\\jupyter'

图 7-15　创建目录　　　　　　　　　　　　　图 7-16　显示目录

这里需要注意，"getcwd()"方法只能用来显示当前工作目录。

通过删除刚才创建的目录来学习"rmdir()"的语法，代码 CORE0714 如下所示。

代码 CORE0714

```
import os
os.rmdir("file")      # 删除目录
```

4）查看目录

当我们想要了解目录下的具体内容时，可以使用"listdir()"方法来查看目录下的所有内容，并以列表的形式返回，也可以自定义获取想了解的目录，语法格式如下。

```
os.listdir("name_dir")
```

通过查看当前目录下的内容来学习"listdir()"方法的使用，代码 CORE0715 如下所示。

代码 CORE0715

```
import os
os.listdir(".")   # 查看目录下的内容 "."表示当前目录下的列表
```

效果如图 7-17 所示。

```
['.ipynb_checkpoints',
 '123.ipynb',
 'new.txt',
 'python.ipynb',
 '异常.ipynb',
 '文件操作.ipynb']
```

图 7-17　查看目录内容

当获取到当前目录下的所有内容时，想要判断里面的内容是否为目录，这时可以使用"os.path.isdir()"方法来判断，代码 CORE0716 如下所示。

代码 CORE0716

```
import os
os.listdir(".")
os.path.isdir(".ipynb_checkpoints")     # 判断其是否为目录
```

效果如图 7-18 所示。

```
os.path.isdir("文件操作.ipynb")
```

False

```
os.path.isdir(".ipynb_checkpoints")
```

True

图 7-18　判断目录

技能点二　异常处理

1. 异常

异常就是在程序运行出现错误时，让 Python 解释器执行事先准备好的除错程序，进而尝试恢复程序的执行。在 python 中，每当程序出错时，都会自动触发异常，每一个错误类型就是 python 中的内建异常类，也可以自定义创建具有自己特色的异常类，具体实现内容如下。

1）内建异常类

Python 中有许多内建异常类，在程序出错时会自动触发。常用的内建异常类见表 7-6。

表 7-6　常用内建异常类

类名	描述
Excepion	所有异常的基类
AttributeError	特性引用或者赋值失败时引发
IOError	试图打开不存在的文件时引发
IndexError	在使用序列中不存在的索引时引发
KeyError	在使用映射中不存在的键时引发
NameError	找不到名字 (变量) 时引发
SyntaxError	在代码为错误时引发
TypeError	在内建操作或者函数应用于错误类型的对象时引发
ValueError	在内建操作或者函数应用于正确类型的对象，但是该对象使用不合适的值时引发

程序停止执行并且提示错误信息这个动作通常称为抛出异常。通过使用 input() 函数输入一个整数，当输入的不是一个整型变量时，程序会出错，抛出一个"ValueError"异常，代码 CORE0717 如下所示。

代码 CORE0717
num = int(input(" 请输入一个整数:"))

效果如图 7-19 所示。

```
ValueError                                Traceback (most recent call last)
<ipython-input-1-8cdd24573a8e> in <module>
----> 1 num = int(input("请输入一个整数: "))

ValueError: invalid literal for int() with base 10: 'a'
```

图 7-19　抛出异常

2）自定义异常类

虽然内建异常类中已经包括许多错误情况，但是在项目的开发过程中还是要根据实际情况，创建具有自己特色的异常处理类。那么该如何创建自定义异常类呢？只需要让自定义异常类继承"Exception"类或其他内建异常类即可，具体格式如下。

```
class ex1(Exception):
    语句块
```

●知识拓展

语法错误和逻辑错误不属于异常，但有些语法错误有时会导致异常，例如，由于大小写拼写错误而访问不存在的对象。

程序出现异常或错误之后是否能够快速地调试程序和解决存在的问题，也是程序员综合水平和能力的重要体现方式之一。

2. 异常处理

程序开发时，很难将所有的特殊情况都进行完善处理，这时我们可以通过异常捕获针对突发事件进行集中的处理，从而保证程序的稳定运行。异常处理主要有"try…except""try…except…except""try…except…else""try…except…finally"这 4 种结构，具体操作如下。

（1）try…except

在程序开发中，如果对某些代码的执行不能确定是否正确，可以增加 try 来捕获异常，如图 7-20 所示。

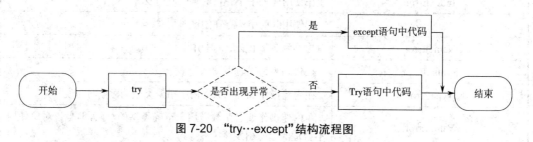

图 7-20 "try…except"结构流程图

语法结构如下。

```
try:
    try 语句块                    #编写可能出现异常的语句
except:
    except 语句块                 #处理异常的语句
```

通过简单应用案例来学习"try…except"结构的使用，代码 CORE0718 如下所示。

```
代码 CORE0718

try:
    num = int(input(" 请输入一个整数: "))
    print(num)          # 未出现异常
except:
    print(" 输入错误 ")      # 处理异常语句
```

效果如图 7-21 所示。

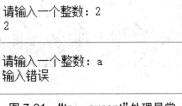

请输入一个整数：2
2

请输入一个整数：a
输入错误

图 7-21 "try…except"处理异常

可以看到,当 num 值输入正确时程序会执行 try 后面的语句,一旦输入错误,程序就会执行 except 后面的语句,也不会因报错而自然终止。

2) try…except…except

在程序执行时可能会遇到不同类型的异常,并且需要针对不同类型的异常,作出不同的响应,这个时候就需要捕获错误类型。可以采用"try…except…except"结构来捕获异常,它可以处理多种异常情况,如图 7-22 所示。

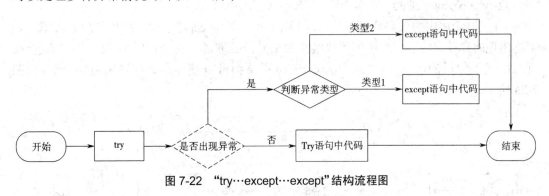

图 7-22 "try…except…except"结构流程图

语法结构如下。

```
try:
    try 语句块
except 内建异常类名 1:
    except 语句块
except 内建异常类名 2:
    except 语句块
```

这里用第一个"except"处理第一种异常情况,用第二个"except"处理第二种异常情况,依次类推,可以继续添加更多的异常处理语句块。接下来通过简单计算的一个应用案例来学习"try…except…except"结构的使用,代码 CORE0719 如下所示。

代码 CORE0719

```
try:
    num1 = int(input(" 请输入第一个整数:"))
    num2 = int(input(" 请输入第二个整数:"))
    num = num1/num2
    print(num)
except ValueError:        # 对象类型错误异常
    print(" 输入类型错误 ")
except ZeroDivisionError:   # 分母为 0 异常
    print(" 分母不能为 0")
```

效果如图 7-23 所示。

```
请输入第一个整数: a
输入类型错误

请输入第一个整数: 4
请输入第二个整数: 0
分母不能为0
```

图 7-23　错误类型捕获异常

3)try…except…else 结构

"try"语句块中的代码片段可能出现异常,第一个"except"子句中的语句块处理第一种可能出现的异常,依次类推,中间可以继续添加异常处理语句块,如果此时没有异常,就会执行"else:"子句后的语句块。"try…except…else"结构可以使异常处理逻辑更加严谨,如图 7-24 所示。

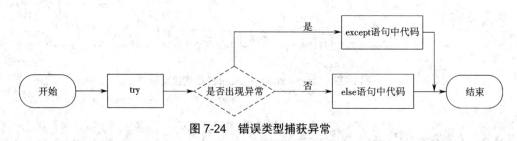

图 7-24　错误类型捕获异常

语法结构如下。

```
try:
    try 语句块
except 内建异常类名：
    except 语句块
……
Else:
    else 语句块
```

接下来通过应用案例来学习"try…except…else"结构的使用，代码 CORE0720 如下所示。

代码 CORE0720

```
try:
    num1 = int(input(" 请输入第一个整数："))
    num2 = int(input(" 请输入第二个整数："))
    num = num1/num2
except ValueError:
    print(" 输入类型错误 ")
except ZeroDivisionError:
    print(" 分母不能为 0")
else:
    print(" 运算结果：%.2f" %num)
```

效果如图 7-25 所示。

请输入第一个整数：a
输入类型错误

请输入第一个整数：3
请输入第二个整数：2
运算结果：1.50

图 7-25 "try…except…else"异常处理

通过结果可以看到，将运算结果放在"else"后面的语句块中，当发现异常时就进行异常处理，没有异常时就顺利输出运行结果。

4）try…except…finally 结构

在"try…except…finally"结构中，无论是否出现异常，最后都会执行"finally"语句。"finally"子句常用来作一些清理工作。以释放"try"子句中申请的资源。如图 7-26 所示。

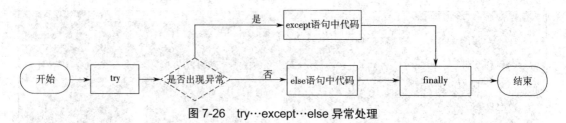

图 7-26　try…except…else 异常处理

语法结构如下。

```
try:
    try 语句块
except 内建异常类名:
    except 语句块
……
finally:
    finally 语句块
```

接下来通过应用案例来学习"try…except…finally"结构的使用，代码 CORE0721 如下所示。

代码 CORE0721

```
try:
    num1 = int(input(" 请输入第一个整数:"))
    num2 = int(input(" 请输入第二个整数:"))
    num = num1/num2
except ValueError:
    print(" 输入类型错误 ")
except ZeroDivisionError:
    print(" 分母不能为 0")
else:
    print(" 运算结果:%.2f" %num)
finally:
    print(" 程序运行结束 ")
```

效果如图 7-27 所示。

```
请输入第一个整数：a
输入类型错误
程序运行结束


请输入第一个整数：3
请输入第二个整数：2
运算结果：1.50
程序运行结束
```

图 7-27　"try…except…finally"处理异常

通过结果可以看到,无论程序最后是否存在异常,都会执行"finally"子句后的语句块。

5)捕获未知异常

在程序开发时,要提前知道所有可能出现的错误是有一定的难度的。如果希望程序无论出现任何错误,都不会因为 python 解释器抛出异常而被终止,可以对程序进行未知的一个异常捕获。语法结构如下。

```
try:
    try 语句块
except Exception as 变量名 :
    except 语句块
```

这里使用"Exception"异常类,后面增加一个 as 再跟上一个 变量名,这里的变量是在 except 下方可以输出的异常对象,接下来通过具体应用案例来学习如何捕获未知异常,代码 CORE0722 如下所示。

代码 CORE0722

```
try:
    num1 = int(input(" 请输入第一个整数:"))
    num2 = int(input(" 请输入第二个整数:"))
    num = num1/num2
    print(num)
except Exception as result:
    print(" 未知错误 %s" %result)
```

效果如图 7-28 所示。

```
请输入一个整数: a
未知错误 invalid literal for int() with base 10: 'a'


请输入第一个整数: 2
请输入第二个整数: 0
未知错误 division by zero
```

图 7-28　捕获未知异常

通过结果可以看到,在捕获异常时,不需要针对所有的异常类型逐一进行处理,这样在开发时不仅可以大大简化工作,也可以保证程序的安全运行。

通过以上的学习，可以了解 Python 如何进行文件创建、关闭、写入与读取操作以及如何进行异常处理，为了巩固以上所学的知识，通过以下几个步骤实现学生信息管理系统。

第一步：学生管理系统中包含了添加学生信息、删除学生信息、修改学生信息、查询学生信息、显示学生信息和退出系统，首先要创建用于在屏幕中打印菜单选项的方法，代码 CORE0723 如下所示。

代码 CORE0723

```
import re
# 打印功能菜单，并提示用户进行功能菜单项选择
def print_menu():
    print("--" * 5+" 菜单栏 "+"--"*5)
    print("'
    1:添加学生信息
    2:删除学生信息
    3:修改学生信息
    4:查询学生信息
    5:显示学生信息
6:退出 "')
print("--" * 20)
print_menu()
```

结果如图 7-29 所示。

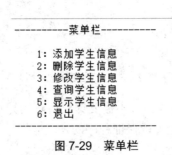

图 7-29　菜单栏

第二步：菜单栏设置成功后，需要根据用户在键盘输入的菜单项实现不同的功能，此时需要接收用户键盘输入并判断输入的项，去调用不同函数，代码 CORE0724 如下所示。

代码 CORE0724

```
def print_menu():
    ......
    num=input(' 请输入功能菜单的编号:')
    if num=='6':
        exit()
    elif num=='1':
        print(' 欢迎录入信息 ')
        append()
    elif num=='2':
        print(' 确定要删除信息吗？')
        delete()
    elif num=='3':
        print(' 欢迎修改信息 ')
        num = input(' 请输入你要修改的编号:')
        modify(num)
    elif num=='4':
        print(' 欢迎查询信息 ')
        search()
    elif num=='5':
        print(' 浏览全部学生信息 ')
        search_all()print(remove_md('1*1/2'))
print_menu()
```

结果如图 7-30 所示。

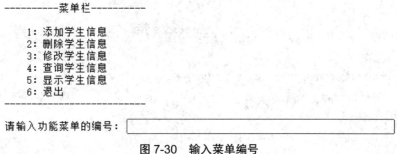

图 7-30　输入菜单编号

　　第三步：通过第二步已经设置了根据用户选项调用不同函数,首先定义用于添加学生的函数 append(),需要判断用户输入的各项学生信息是否符合规范,并在不符合规范时提示重新输入,代码 CORE0725 如下所示。

代码 CORE0725

```
def append():
try:
    ## 存放学生信息的文件
    f1=open(student.txt','a',encoding='utf8')
    no=str(input(' 学号:'))
    name=str(input(' 姓名:'))
    major=str(input(' 专业:'))
    phone = str(input(' 手机号:'))
    address=str(input(' 籍贯:'))
    novalue=re.compile('^[0-9]{5}$')   # 匹配学号是否为 0~9 的五位字符
    namevalue=re.compile('.+')
    majorvalue=re.compile('.+')
    phonevalue=re.compile('^[1]{1}([0-9]){10}')   # 匹配 11 位手机号
    addressvalue=re.compile('.+')
    # 使用 while True 循环判断用户输入的学生信息是否符合规范若不规范提示重
新输入
    while True:
        resultno=novalue.match(no)
        if resultno:
            break
        no=str(input(' 学号输入错误请重新输入:'))
    while True:
        resultname=namevalue.match(name)
        if resultname:
            break
        name=str(input(' 姓名输入错误请重新输入:'))
    while True:
        resultmajor=namevalue.match(major)
        if resultmajor:
            break
        major=str(input(' 专业输入错误请重新输入:'))
    while True:
        resultphone=phonevalue.match(phone)
        if resultphone:
            break
```

```
            phone = str(input(' 手机号输入错误请重新输入:'))
        while True:

            resultaddress=addressvalue.match(address)
            if resultaddress:
                break
            address=str(input(' 籍贯输入错误请重新输入:'))
        # 将联系人信息存储在 student.txt 文件中
        f1.write(no + ' ' + name + ' '+major+ ' ' + phone + ' ' + address+ '\n')
        f1.close()
    except IOError:
        print("Error 添加学生失败 ")
    else:
        p=input(' 添加成功,继续添加请输入 1,结束添加请输入 0')
        if p=='1':
            input_info()
        elif p=='0':
            print_menu()
print_menu()
```

结果如图 7-31 所示。

```
----------菜单栏----------
    1: 添加学生信息
    2: 删除学生信息
    3: 修改学生信息
    4: 查询学生信息
    5: 显示学生信息
    6: 退出
----------------------------
请输入功能菜单的编号: 1
欢迎录入信息
学号: 12345
姓名: 李白
专业: 古汉语
手机号: 17855478556
籍贯: 中国

添加成功,继续添加请输入1,结束添加请输入0 [                    ]
```

图 7-31　添加学生信息

第四步:信息添加完成后,实现用于查询所有学生数据的函数,主要用于打开学生信息文件并打印全部信息,在过程中捕获异常,并在成功查询后再次显示菜单栏,代码 CORE0726 如下所示。

代码 CORE0726

```
def search_all ():
    try:
        f3 = open(student.txt', 'r',encoding='utf8')
        while True:
            line=f3.readline()
            if line=='':
                break
            print(line,end= '')
        f3.close()
    except IOError:
        print(" 信息查询失败 ")
    else:
        print_menu()
```

结果如图 7-32 所示。

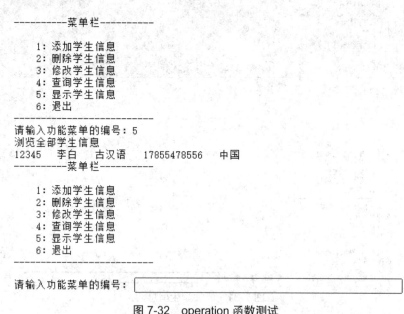

图 7-32　operation 函数测试

第五步：在日常使用过程中，经常会按照学生姓名查询学生的详细信息，实现名为 search() 的函数，该函数需要实现根据用户输入的学生姓名查询并打印信息，并在打印信息后询问是否要对本条信息进行操作，最后询问是否要进行修改或删除操作，然后调用相关函数，代码 CORE0727 如下所示。

代码 CORE0727

```
def search():
    sname=input(' 请输入您要搜索的名字:')
    f4=open('student.txt','r',encoding='utf8')
    li=f4.readlines()
    for line in li:
        t=line.split()
        if t[1]==sname:
            print(t)
            m=input(' 是否进行对其操作？Y/N:')
            if m=='Y':
                n=input(' 修改请输入 1,删除请输入 0:')
                if n=='1':
                    modify_info(t[0])
                if n=='0':
                    delete_info(t[0])
            elif m=='N':
                print_menu()
    f4.close()
    print_menu()
```

结果如图 7-33 所示。

```
-----------菜单栏-----------
        1：添加学生信息
        2：删除学生信息
        3：修改学生信息
        4：查询学生信息
        5：显示学生信息
        6：退出
-----------------------------
请输入功能菜单的编号：4
欢迎查询信息
请输入您要搜索的名字：李白
['12345', '李白', '古汉语', '17855478556', '中国']
是否进行对其操作？Y/N: Y

修改请输入1，删除请输入0：
```

图 7-33　查询学生信息

第六步：当学生的姓名和手机号录入错误时需要进行修改,实现名为 modify 的函数,用于查询学生并修改信息,代码 CORE0728 如下所示。

代码 CORE0728

```
def modify(x):
    try:
        f5 = open('student.txt', 'r+',encoding='utf8')
        f6 = open('temp.txt', 'w+',encoding='utf8')
        li = f5.readlines()
        for line in li:
            print(line)
            t = line.split()
            if t[0] == x:
                t[1] = input(' 请输入姓名：')
                t[2] = input(' 请输入手机号码：')
                f6.write(x + '     ' + t[1] + '        ' + t[2]+'\n')
            else:
                f6.write(line)
        f6.close()
        f5.close()
        transfer_info()
        print(' 修改成功！ ')
    except:
        print(" 学生信息修改失败 ")
    else:
        print_menu()
def transfer_info():
    f7 = open('student.txt', 'w',encoding='utf8')
    f8 = open('temp.txt', 'r',encoding='utf8')  # 临时文件
    li=f8.readlines()
    for line in li:
        f7.write(line)
    f7.close()
    f8.close()
print_menu()
```

结果如图 7-34 所示。

```
-----------菜单栏----------

      1：添加学生信息
      2：删除学生信息
      3：修改学生信息
      4：查询学生信息
      5：显示学生信息
      6：退出
--------------------------
请输入功能菜单的编号：3
欢迎修改信息
请输入你要修改的编号：12345
12345   李白    古汉语    17855478556    中国

请输入姓名：诗仙
请输入手机号码：17588965447
修改成功！
```

图 7-34 修改学生信息

第七步：假设某个学生由于退学或其他原因需要注销学籍并在管理系统中删除学生信息，删除时询问是否确定删除，代码 CORE0729 如下所示。

代码 CORE0729

```
def delete():
  try:
    sname=input(' 请输入您要搜索的名字:')
    f4=open('student.txt','r',encoding='utf8')
    li=f4.readlines()
    for line in li:
      t=line.split()
      if t[1]==sname:
        print(t)
        m=input(' 是否进行对其操作？Y/N:')
        if m=='Y':
          f9 = open('student.txt', 'r+',encoding='utf8')
          f10 = open('temp.txt', 'w+',encoding='utf8')
          li = f9.readlines()
          for line in li:
            s = line.split()
            if s[0] == t[0]:
              f10.write('')
            else:
              f10.write(line)
          f9.close()
          f10.close()
          transfer_info()
```

```
            print(' 删除成功！')
            print_menu()
        elif m=='N':
            print_menu()
        f4.close()
    except:
        print(" 删除学生信息失败 ")
print_menu()
```

结果如图 7-35 所示。

```
        ----------菜单栏----------

        1：添加学生信息
        2：删除学生信息
        3：修改学生信息
        4：查询学生信息
        5：显示学生信息
        6：退出
    ----------------------------
    请输入功能菜单的编号：2
    确定要删除信息吗？
    请输入您要搜索的名字：诗仙
    ['12345'，'诗仙'，'17588965447']
    是否进行对其操作？Y/N：Y
    删除成功！
        ----------菜单栏----------

        1：添加学生信息
        2：删除学生信息
        3：修改学生信息
        4：查询学生信息
        5：显示学生信息
        6：退出
    ----------------------------
    请输入功能菜单的编号：
```

图 7-35　删除学生信息

本项目通过 Python 文件操作与异常处理实现学生信息管理，使读者对 Python 中文件的操作有一定的了解，对 Python 文件操作函数和方法的使用有所了解并掌握，最后通过所学的 Python 文件操作和异常处理知识实现学生信息管理。

英 语 角

open	打开	writeline	写作
mode	模式	text	文本
range	范围	old	古老的

任 务 习 题

一、选择题

（1）Python 文件操作函数和方法中（　　　）用于打开文件。

A. open()　　　　　　B. redline()　　　　　　C. write()　　　　　　D. read()

（2）os 文件 / 目录操作中（　　　）用于为当前文件重新命名。

A. rename()　　　　　B. mkdir()　　　　　　C. chdir()　　　　　　D. listdir()

（3）Python 异常处理中所有异常的基类是（　　　）。

A. IOError　　　　　B. Excepion　　　　　　C. IndexError　　　　　D. TypeError

（4）Python 目录操作用于创建目录的方法为（　　　）。

A. path.isdir()　　　B. Create()　　　　　　C. chdir()　　　　　　D. mkdir()

（5）Python 内建异常类中表示找不到名字 (变量) 时引发的异常类为（　　　）。

A. NameError()　　　B. IndexError()　　　　C. IOError ()　　　　　D. Excepion ()

二、简答题

（1）简述什么是文件。

（2）简述相对路径和绝对路径。

项目八　Python 数据采集与存储

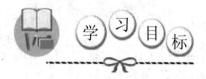

本项目通过电影数据获取的实现,使读者了解 Python 网络爬虫,熟悉 Python 爬虫模块的使用方法,掌握使用 Urllib 进行网络请求以及使用 XPath 获取网页元素的方法,具有使用 Python 爬虫获取网页数据的能力,在任务实施过程中:

● 了解爬虫的含义。
● 熟悉爬虫的实现步骤。
● 掌握 Urllib 和 XPath 模块的使用方法。
● 具有独立编写爬虫程序的能力。

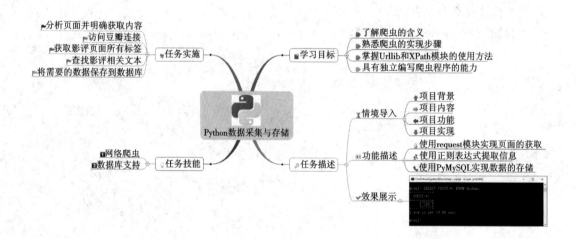

【情境导入】

中国电影产业呈现出良好的发展势头,目前国内每年都会上映大量电影供观众选择,但观众对电影情节、特效、演员演技等都有了更高的要求,选择要看哪部电影之前会上网查找关于某部电影的影评,再决定是否要去观看,这个过程可能会很浪费时间,为此可以编写一个爬虫项目在网上爬取每部电影所有的评价以及简介,并将整理好的文档呈现给观众,从而加快上网查找的过程。本项目通过对 Python 爬虫模块的使用,最终完成豆瓣影评数据的获取。

【功能描述】

● 使用 request 模块实现页面的获取。
● 使用正则表达式提取信息。
● 使用 PyMySQL 实现数据的存储。

【效果展示】

读者通过本项目的学习,能够使用 Python 编写爬虫,并将爬取的结果保存到数据库中。效果如图 8-1 所示。

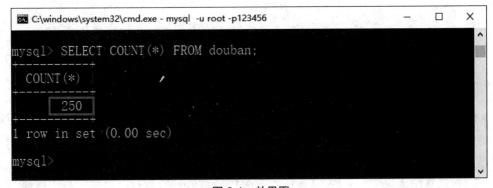

图 8-1 效果图

技能点一　网络爬虫

网络爬虫（Web Spider）也叫作网页蜘蛛、网络机器人、网络追逐者。它是一种脚本程序，可以高效准确地将网络上所需的信息进行自动提取。如果将互联网比作蜘蛛网，网络爬虫则通过不同网页的链接地址实现在蜘蛛网上爬取所需信息。详细流程如图 8-2 所示。

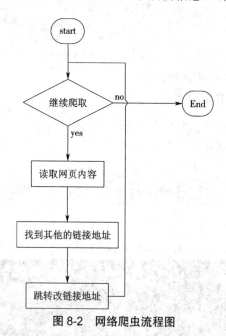

图 8-2　网络爬虫流程图

网络爬虫可分为通用网络爬虫和聚焦网络爬虫。

（1）通用网络爬虫工作原理：从互联网上采集网页信息，这些信息主要用于为搜索引擎提供支持，决定整个搜索引擎的信息及时性和内容的丰富程度。

（2）聚焦网络爬虫工作原理：从互联网上采集网页信息时会对内容进行筛选处理，只爬取所需的网页信息。

本部分详细讲解聚焦网络爬虫。

1. Urllib

Urllib 是 Python 中请求 url 连接的官方标准库，在 Python2 中主要为 urllib 和 urllib2，在 Python3 中整合成了 urllib。urllib 中一共有 4 个模块，分别是 request 模块、error 模块、parse

模块以及 robotparser 模块,本部分将对 urllib 中 request 模块和 error 模块进行学习。

1)request 模块

Request 模块主要负责构造和发起网络请求,定义了适用于在各种复杂情况下打开 URL(主要为 HTTP)的函数和类,模块中最常用的方法为"urlopen()",具体语法结构如下。

```
urllib.request.urlopen(url,data=None,timeout)
```

常见参数说明见表 8-1。

表 8-1 urlopen() 参数表

参数	说明
url	必填,字符串,指定目标网站的 URL
data	指定表单数据,该参数默认为 none,此时 urllib 使用 get 方法发送请求,当给参数赋值后,urllib 使用 post 发送请求,并在该参数中携带表单信息
timeout	可选参数,用来指定等待时间,若超过指定时间还没获得响应,则抛出一个异常

如果需要更为复杂的操作,如增加 HTTP 报头,此时就不能直接使用"urlopen( )"方法打开目标网址,而需要创建 request 实例作为"urlopen( )"方法的参数,目标网址作为 request 实例的参数。语法格式如下所示。

```
urllib.request.Request(url,data,headers,origin_req_host,unverifiable,method)
```

参数说明见表 8-2。

表 8-2 request() 参数表

参数	说明
url	指定目标网站的 URL
data	发送 post 请求时提交的表单数据,默认为 none
headers	发送请求时附加的请求头部
origin_req_host	请求方的 host 名称或者 IP 地址,默认为 none
unverifiable	请求方的请求无法验证,默认为 false
method	指定请求方法,默认为 none

下面使用 urlopen() 方法结合 request() 方法模拟 IE 浏览器来爬取搜狗首页的页面,代码 CORE0801 如下所示。

代码 CORE0801

```
from urllib import request
# url 作为 request() 方法的参数，构造并返回一个 request 对象
url_buf = request.Request("http://www.sogou.com")
# Request 对象作为 urlopen() 方法的参数，发送给服务器并接收响应
response = request.urlopen(url_buf)
html = response.read()
print(html)
```

效果如图 8-3 所示。

```
<!DOCTYPE html><html lang="cn"><head><meta name="viewport" content="width=device-width,minimum-scale=1,maximum-scale=1,user-
scalable=no"><script>window._speedMark = new Date(); window.lead_ip = '117.12.144.195';
    window.now = 1623048267540;</script><script type="text/javascript">/*file:static/js/resourceErrorReport.js*/!function(a)
{var n=(new Date).getTime(),r=a.location.protocol;function c(e,t){var o=(new Date).getTime()-n;(new Image).src=["//pb.sogou.
com/pv.gif?uigs_productid=wapapp&type=resource-error&stype=",e,"&timestamp=",o,"&protocol=",r,"&host=",encodeURIComponent(a.
location.host),"&path=",encodeURIComponent(a.location.pathname),"&resource=",encodeURIComponent(t)].join("")}function e(e){i
f((e=e||a.event)&&"error"===e.type){var t=e.srcElement?e.srcElement:e.target;if(t){var o,n,r=t.tagName;"LINK"===r?(n="css",
(o=t.getAttribute("href"))&&o.match(/\.css($|\?)/)&&c(n,o)):"SCRIPT"===r&&(n="js",(o=t.getAttribute("src"))&&o.match(/\.js
($|\?)/)&&c(n,o))}}}r&&(r=r.substring(0,r.length-1),a.addEventListener?a.addEventListener("error",e,!0):a.attachEvent&&a.at
tachEvent("onerror",e)}(window);</script><meta charset="utf-8"><link rel="dns-prefetch" href="//img01.sogoucdn.com"><link re
l="dns-prefetch" href="//img02.sogoucdn.com"><link rel="dns-prefetch" href="//img03.sogoucdn.com"><link rel="dns-prefetch" h
ref="//img04.sogoucdn.com"><link rel="dns-prefetch" href="//dlweb.sogoucdn.com"><title>搜狗搜索引擎 - 上网从搜狗开始</title>
<link rel="shortcut icon" href="/images/logo/new/favicon.ico?v=4" type="image/x-icon"><meta http-equiv="X-UA-Compatible" con
tent="IE=Edge"><link rel="search" type="application/opensearchdescription+xml" href="/content-search.xml" title="搜狗搜索"><
meta name="keywords" content="搜狗搜索,网页搜索,微信搜索,视频搜索,图片搜索,音乐搜索,新闻搜索,软件搜索,百科搜索,购物
搜索"><meta name="description" content="搜狗搜索是全球第三代互动式搜索引擎,支持微信公众号和文章搜索、知乎搜索、英文搜索及翻
译等,通过自主研发的人工智能算法为用户提供专业、精准、便捷的搜索服务。"><link rel="stylesheet" type="text/css" href="//dlwe
b.sogoucdn.com/pcsearch/web/index/css/index_style_97bc648.css"><style>.wrapper .suggestion{border:1px solid #e8e8e8;width:65
```

图 8-3　爬取搜狗首页

　　直接请求目标网站的信息显得十分唐突，所以此时需要为请求增加一个"合法的身份"，也就是"User-Agent"头。

　　"User-Agent"（用户代理）是一个特殊字符串头，使得服务器能够识别客户使用的操作系统及版本、CPU 类型、浏览器及版本、浏览器渲染引擎、浏览器语言、浏览器插件等。

　　为了使爬虫程序更像真实用户，需要将代码伪装成被认可的浏览器。用不同的浏览器发送请求，会有不同的"User-Agent"头。代码 CORE0802 如下所示。

代码 CORE0802

```
from urllib import request
url = "http://www.sogou.com"
# 让爬虫对应的请求载体身份标识伪装成某一款浏览器
header = {"User-Agent": "Mozilla/5.0 (Windows NT 10.0; Win64; x64) AppleWeb-
Kit/537.36 (KHTML, like Gecko) Chrome/89.0.4389.90 Safari/537.36 Edg/89.0.774.63"
}
# url 连同 headers，一起构造 request 请求，这个请求将附带 IE9.0 浏览器的 Us-
er-Agent
url_buf = request.Request(url, headers = header)
# 向服务器发送这个请求
response = request.urlopen(url_buf)
```

```
html = response.read().decode("utf-8")
print(html)
```

2）error 模块

在爬虫时发请求难免出现错误，如访问不到服务器或者访问被禁止等，出错了之后 urllib 将错误信息封装到了一个模块对象中，这个模块就叫 error 模块。

Urllib.error 可以接受由 urllib.request 产生的异常，其包含了两个方法，URLError 和 HTTPError。

● URLError

URLError 是 OSError 的一个子类，用于处理程序在遇到问题时会引发的异常（或其派生的异常），包含的属性"reason"为引发异常的原因。

通过访问一个无效的地址来学习 URLError 的使用，代码 CORE0803 如下所示。

代码 CORE0803

```
from urllib import request
from urllib import error
url = "http://www.abcd.com/"      # 这里我们获取的地址信息是无效的
url_buf = request.Request(url)
# 捕获异常
try:
    response = request.urlopen(url_buf)
    html = response.read().decode("utf-8")
    print(html)
except error.URLError as e:  # URLError 异常
    print(e.reason)
```

效果如图 8-4 所示，程序报"11002"错误，即获取地址信息失败。

```
[Errno 11002] getaddrinfo failed
```

图 8-4　URLError 异常

● HTTPError

HTTPError 是 URLError 的一个子类，用于处理特殊 HTTP 错误。例如，作为认证请求时，经常出现状态码报错，常见状态码有（200：请求成功、301：资源（网页等）被永久转移到其他 URL、404：请求的资源（网页等）不存在、500：内部服务器错误）。其包含的属性具体见表 8-3。

表 8-3　HTTPError 属性

属性	说明
code	HTTP 的状态码

续表

属性	说明
reason	引发异常的原因
headers	导致 HTTPError 的特定 HTTP 请求的 HTTP 响应头

通过请求腾讯视频的资源来学习 HTTPError 的使用，代码 CORE0804 如下所示。

代码 CORE0804

```
from urllib import request
from urllib import error
url = "https://v.qq.com/abcd"     # 服务器是存在的，但我们要查找的资源是不存在的
url_buf = request.Request(url)
# 捕获异常
try:
    response = request.urlopen(url_buf)
    html = response.read().decode("utf-8")
    print(html)
except error.HTTPError as e:    # HTTPError 异常
print(e.reason)
print(e.code)
    print(e.headers)
```

效果如图 8-5 所示。

```
Not Found
404
Date: Wed, 09 Jun 2021 02:20:26 GMT
Content-Type: text/html
Content-Length: 69576
Connection: close
Server: Apache
Last-Modified: Wed, 09 Jun 2021 02:20:00 GMT
X-Verify-Code: ea70c635e4b875973393586f5c401aaa
X-NWS-UUID-VERIFY: af88bf10e3efe4a8b80684398b113774
Accept-Ranges: bytes
Vary: Accept-Encoding
X-NWS-LOG-UUID: 0b779714-3896-40b7-8874-6bdf0320d670
X-Cache-Lookup: Hit From Upstream
X-Daa-Tunnel: hop_count=1
Access-Control-Expose-Headers: X-Client-Ip
Access-Control-Expose-Headers: X-Server-Ip
Access-Control-Expose-Headers: X-Upstream-Ip
Access-Control-Expose-Headers: Date
X-Client-Ip: 117.12.144.195
X-Server-Ip: 123.6.4.25
X-Upstream-Ip: 125.39.46.26:80
X-UA-Compatible: IE=Edge
X-Cache-Lookup: Hit From Upstream
```

图 8-5　HTTPError 异常

注意：如果想用 HTTPError 和 URLError 一起捕获异常，那么需要将 HTTPError 放在 URLError 的前面，如果 URLError 放在前面，出现 HTTP 异常会先响应 URLError，这样 HTTPError 就捕获不到错误信息了。

2. XPth 解析

XPath，全称 XML Path Language，即 XML 路径语言，它是一门在 XML 文档中查找信息的语言。最初是用来搜寻 XML 文档的，但同样适用于 HTML 文档的搜索，所以在爬取网页数据时可以使用 XPath 作相应的信息抽取。使用前我们先需要安装 lxml 库，只需要在终端 cmd 下利用 pip 命令安装即可，操作如下。

```
pip install lxml
```

1）etree 模块

在学习 XPath 的过程中，最先遇到的往往是文档的格式化问题，因为只有正确格式化之后的文档，才能准确利用 xpath 寻找其中的关键信息，要解决这一问题，就需要用到 lxml 库中的 etree 模块。其包含的具体方法见表 8-4。

表 8-4 etree 模块的方法

方法	说明
HTML()	解析 HTML 的文档对象
XML()	解析 XML 的文档对象
paser()	接收一个本地文件，按照文档结构进行解析
Xpath()	实现标签的定位和内容的捕获
tostring()	将节点对象转化为 byres 类型
fromstring()	将字符串转化为节点对象

这里常用到 etree.HTML() 方法来解析字符串格式的 HTML 文档对象，将传进去的字符串转变成 _Element 对象。其语法格式如下。

```
lxml.etree.HTML(text, parser=None, *, base_url=None
```

参数说明见表 8-5。

表 8-5 HTML 类参数表

参数	说明
text	接收 str，表示需要转换为 HTML 的字符串。无默认值
parser	接收 str，表示选择的 HTML 解析器。无默认值
base_url	接收 str，表示设置文档的原始 URL，用于查找外部实体的相对路径。默认为 none

接下来通过一个案例进行学习，这里首先导入 lxml 库的 etree 模块，然后声明了一段 HTML 文本，调用 etree.HTML() 方法进行初始化，这样就成功构造了一个 XPath 解析对象。这里调用 tostring() 方法即可输出修正后的 HTML 代码，但是结果是 bytes 类型，利用 decode() 方法将其转成 str 类型，代码 CORE0805 实现如下。

```
代码 CORE0805
from lxml import etree
#HTML 文本数据
text = '''
    <body>
        <div class="study">
            <ul>
                <li>hello python</li>
                <li>hello world
            </ul>
        </div>
    </body>
    '''
html = etree.HTML(text)        # 将字符串格式的文件转化为 html 文档
print(html)
str = etree.tostring(html).decode()        # 将 html 文档转化为二进制的字符串格式
print(str)        # 输出上面 text 中的内容
```

效果如图 8-6 所示。

```
<Element html at 0x1df327f7cc8>
<html><body>
        <div class="study">
            <ul>
                <li>hello python</li>
                <li>hello world
            </li></ul>
        </div>
    </body>
        </html>
```

图 8-6　etree.HTML() 解析数据

注意：在创建的 HTML 文本中的最后一个 <li> 节点是没有闭合的，可以看到 etree. HTML() 方法可以自动修正 HTML 文本，补全 HTML 信息。

2）节点定位

在 XPath 中，有 7 种类型的节点——元素、属性、文本、命名空间、处理指令、注释以及文档节点（或称为根节点）。XPath 使用路径表达式在 XML 文档中选取节点。节点是通过沿着路径或者"step"来选取的。XPath 常用表达式见表 8-6。

表 8-6　XPath 常用表达式

表达式	说明
Nodename	选取此节点的所有子节点
/	表示的是从根节点开始定位，表示的是一个层级
//	从匹配选择的当前节点选择文档中的节点，而不考虑它们的位置
.	选取当前节点
..	选取当前节点的父节点
@	选取属性

● 属性定位

使用 XPath 进行属性定位，可以通过元素 id，name，class 等进行标签的属性定位，通过创建的一个 html 文档进行 XPath 属性定位，代码 CORE0806 实现如下。

代码 CORE0806

```
from lxml import etree
html = '''
  <body>
    <div class="learn">
    <div class="study">
      <ul id="a">
        <li>hello python</li>
        <li>hello world</li>
      </ul>
    </div></div>
  </body>
  '''
tree = etree.HTML(html) #将字符串格式的文件转化为 html 文档
a = tree.xpath('//body/div[@class="learn"]')
b = tree.xpath('//ul[@id="a"]')
print(a)
print(b)
```

效果如图 8-7 所示。

```
[<Element div at 0x23da1092a48>]
[<Element ul at 0x23da10a2648>]
```

图 8-7　标签属性定位

● 索引定位

如果一个元素,它的同级元素跟它的标签一样,无法通过层级定位到,这时可以通过索引定位来获取到,首先通过标签属性定位查看这一标签下有多少同级元素,代码 CORE0807 如下所示。

代码 CORE0807

```
from lxml import etree
html = '''
  <body>
    <div class="learn">
    <div class="study">
      <ul id="a">
        <li>hello python</li>
        <li>hello world</li>
      </ul>
    </div></div>
  </body>
  '''
tree = etree.HTML(html)  #将字符串格式的文件转化为 html 文档
a = tree.xpath('//ul[@id="a"]/li')
print(a)
```

效果如图 8-8 所示。

```
[<Element li at 0x23da0bb5348>, <Element li at 0x23d9fb6c308>]
```

图 8-8　获取标签信息

这里看到 ul 标签下 id 属性为 a 下有 2 个 li 标签,如果要定位到具体的一个 li 标签,就需要进行索引定位,代码 CORE0808 如下所示。

代码 CORE0808

```
a = tree.xpath('//ul[@id="a"]/li[1]')      #注意这里的索引值是从 1 开始的
print(a)
```

效果如图 8-9 所示。

```
[<Element li at 0x23da1099988>]
```

图 8-9　标签索引定位

3)数据提取

创建一个 HTML 本地文件,或者通过上述所学到的 request 模块爬取一段网页数据,如果想要提取其中某个标签下的详细数据,就可以使用 xpath() 方法,利用 xpath 表达式对想要获取的文本数据进行提取。

● 取文本

接下来创建一段简单的源码, 进行实例化, 然后再使用 xpath 方法进行解析, 代码 CORE0809 实现如下。

代码 CORE0809

```
from lxml import etree
html = "<head><title>hello python</title></head>"
tree = etree.HTML(html)    # 实例化一个 etree 对象
r = tree.xpath("/html/head/title/text()")    # 通过 xpath 表达式获取 title 里的文本数据
print(r)
```

效果如图 8-10 所示。

```
['hello python']
```

图 8-10　XPath 解析数据

注意: 上述代码中, /text() 获取的是标签中直系的文本内容, 也可以用 //text() 标签中非直系的文本内容, 也就是所有的文本内容。

● 取标签

使用 xpath 解析数据, 如果要获取的是标签, 那么则返回对象元素的列表, 具体语法如下。

.xpath('// 标签名 [@ 属性]')

代码 CORE0810 实现如下。

代码 CORE0810

```
from lxml import etree
html = '''
  <body>
    <div class="learn">
    <div class="study">
      <ul id="a">
        <li>hello python</li>
        <li>hello world</li>
      </ul>
    </div></div>
  </body>
  '''
tree = etree.HTML(html) #将字符串格式的文件转化为 html 文档
```

```
r = tree.xpath('//div[@class]')
print(r)
```

效果如图 8-11 所示。

[<Element div at 0x1df32c08e48>, <Element div at 0x1df32c08ac8>]

图 8-11　xpath 取标签

● 取属性

使用 xpath 解析数据，如果要获取的是标签的属性，那么则返回的是字符串列表，具体语法如下。

.xpath('// 标签名 /@ 属性')

通过上述案例获取标签的属性，代码 CORE0811 实现如下所示。

代码 CORE0811

```
from lxml import etree
html = '''
  <body>
    <div class="learn">
    <div class="study">
      <ul id="a">
        <li>hello python</li>
        <li>hello world</li>
      </ul>
    </div></div>
  </body>
    '''
tree = etree.HTML(html)  # 将字符串格式的文件转化为 html 文档
r = tree.xpath('//div/@class')
print(r)
```

效果如图 8-12 所示。

['learn', 'study']

图 8-12　xpath 取属性

综合前面的学习，来做一个爬取 58 网房源信息应用案例，首先需要确定目标网址 "https://www.58.com/ershoufang/"，这里可以看到 58 网的一些房源信息，接下来对这一页的所有房源的标题信息进行爬取。接下来分析网页的源码，然后找到对应的标题，然后通过 XPath 表达式进行解析，代码 CORE0812 实现如下。

代码 CORE0812

```
from urllib import request
from lxml import etree
headers = {
    "User-Agent": "Mozilla/5.0 (Windows NT 10.0; Win64; x64) AppleWebKit/537.36
(KHTML, like Gecko) Chrome/89.0.4389.90 Safari/537.36 Edg/89.0.774.63"
    }
url = "https://www.58.com/ershoufang/"
url_buf = request.Request(url,headers=headers)     # 实例化一个 Request 对象
page_text = request.urlopen(url_buf)               # 发送给服务器并接受响应
html = page_text.read().decode("utf-8")            # 读取数据
tree = etree.HTML(html)
tr_list = tree.xpath("//tr")
fp = open("58.txt","w",encoding="utf-8")           # 文件保存
for tr in tr_list:                        # 遍历 tr 标签
    title = tr.xpath("./td[2]/a/text()")[0]        # 解析第二个 td 标签下 a 标签的文本内容
    print(title)
    fp.write(title)
```

效果如图 8-13 所示。

```
全新装修房源    南北通透    厨卫朝北
开发商内部清退房源，低于市场价20万，名额有
长宁区 地铁口 精装复式挑高4.5米，民用水
松江菜花泾60弄小区3/6楼学区七中
地铁口的现房，碧桂园业主诚心出售，真实有效欢
民乐城惠益绿苑东苑2室1厅1卫
徐汇商圈万体馆周边宛南二村小户型诚意出售
首付2成，看房有钥匙，班件接送，送车位，送，
上海五金城复式精装5室3厅2卫1厨
浦东曹路民耀路268弄房屋诚意出售
阳光城小两房，送20万装修家电家具，自带地下
嘉华苑4室3厅3卫自住房源出售
浦东曹路阳光苑民耀路268弄诚意出售
内环内东外滩鑫隆公寓南北全明3室2厅1卫
金地自在城(二期3室2厅1卫
中南品质开发，衡水学/校，沪乍杭高铁旁，物美
199万!满五一!79平环城新村 两室两厅
首付9万 平湖市中区 送车位 高铁旁
日月光水岸花园(公寓3室2厅2卫
首付15万尖山大湾区 长三角发展区域 送车位
静安04年房龄新，投'资，学'区两相宜，房东
顶楼复式 双露台 房型正气 自住装修 诚心出
西郊九韵城2室1厅1卫
```

图 8-13 解析房源数据

技能点二　　数据库支持

之前的学习中将程序处理得到的数据存放在文本文件中,但是纯粹的文本文件可以实现的功能太少了,例如不支持自动序列化、不支持并行数据访问、数据处理效率低等,所以本部分需要借助数据库对程序数据进行存取。

数据库是存放数据的仓库。它的存储空间很大,可以存放百万条、千万条、上亿条数据。但是数据库并不是随意地将数据进行存放的,是有一定的规则的,否则查询的效率会很低。当今世界是一个充满着数据的互联网世界,充斥着大量的数据。即这个互联网世界就是数据的世界。数据的来源有很多,比如出行记录、消费记录、浏览的网页、发送的消息等。除了文本类型的数据,图像、音乐、声音等都是数据。

数据库是一个按数据结构来存储和管理数据的计算机软件系统。数据库的概念实际包括两层意思。

(1)数据库是一个实体,它是能够合理保管数据的"仓库",用户在该"仓库"中存放要管理的事务数据,"数据"和"库"两个概念结合成为数据库。

(2)数据库是数据管理的新方法和技术,它能更合适地组织数据、更方便地维护数据、更严密地控制数据和更有效地利用数据。

1. PyMySQL

Python 操作 MySQL 就是利用 Python 已有的功能模块来进行 MySQL 数据库操作,主要操作的命令就是 SQL 语句,而对于这些 SQL 语句,重点执行的部分就是查询和修改操作。

1)连接数据库

在 Python 里,针对于 MySQL 数据库的开发操作提供了 pymysql 模块,首先基于 Windows 环境下进行模块安装,随后再进行数据库的开发操作。

```
pip install pymysql
```

对于数据库的开发操作,首先需要解决的就是进行数据库的连接,前提条件是数据库的服务一定要开启,同时所有的远程权限也一定要配置成功。

在 Python 中可以直接利用 pymysql.connect() 函数获取数据库的选择对象,这样就会返回一个实例对象,通过这个实例对象就可以进行数据库的操作。语法格式如下所示。

```
db = pymysql.connect(host , port , user, password , database , charset)
```

Pymysql.connect() 参数见表 8-7。

表 8-7　connect() 参数表

类名	描述
host	主机名称
port	端口号
user	用户名

类名	描述
password	密码
database	数据库名称
charset	操作编码（UTF8）

接下来调用"connect()"方法创建数据库文件连接,代码 CORE0813 如下所示。

```
代码 CORE0813

import pymysql
# 连接创建好的数据库
db = pymysql.connect(host="localhost",port=3306,user= "root",
          password="888888",database = "db",charset = "UTF8")
print(" 数据库连接成功 ")
db.close() # 关闭数据库连接
```

效果如图 8-14 所示。

数据库连接成功

图 8-14　数据库连接

2）PyMySQL 数据库语句操作

在数据库之中所保存的全部数据都是可以进行动态增加、修改以及删除处理的,在 py-mysql 模块里如果已经可以获取到连接对象,就可以进行数据库的操作处理了。

在 pymqsql 库中包含 Cursor 对象即游标对象,主要负责执行 SQL 语句。Cursor 对象通过调用 Connect 对象的 cursor() 方法创建。使用上文创建的 Connect 对象 db 获得游标对象,示例代码如下。

```
cs_obj = db.cursor()
```

Cursor 对象的常用属性和方法分别见表 8-8 和表 8-9。

表 8-8　Cursor 对象的常用属性

属性	说明
rowcount	获取最近一次 execute() 执行后受影响的行数
connection	获得当前连接对象

表 8-9　Cursor 对象的常用方法

方法	说明
close()	关闭游标

方法	说明
execute(query,args=None)	执行 SQL 语句,返回受影响的行数
fetchall()	执行 SQL 查询语句,将结果集(符合 SQL 语句中条件的所有行集合)中的每行转化为一个元组,再将这些元组装入一个元组返回
fetchone()	执行 SQL 查询语句,获取下一个查询结果集

● 创建和添加

数据库成功创建一个实例化对象后,再使用 cursor() 方法创建一个游标对象,并且调用 cursor 对象的 execute() 方法来执行数据库的创建和添加功能。传统的 pymysql 组件支持的是原生的 SQL,如创建一个学生数据表,表中包含学生姓名、年龄、性别等,用 SQL 语句实现,在创建数据表时,如果已经存在,则需要先删除再创建,代码 CORE0814 如下所示。

代码 CORE0814

```
import pymysql
# 连接数据库
db = pymysql.connect(host="localhost",port=3306,user= "root",
            password="888888",database = "db",charset = "UTF8")
cursor=db.cursor()      # 使用 cursor() 方法创建一个游标对象
# 如果数据表已经存在使用 execute() 方法删除表
cursor.execute("drop table if exists students")
# 创建数据库表 sql 语句
sql="create table students(name char(20) primary key ,age int,gender char(1))"
cursor.execute(sql)      # 执行 sql 语句
db.close()
```

通过命令行来查看创建的表单,效果如图 8-15 所示。

图 8-15　创建表单

在添加表单数据时,用 SQL 语句里的方法进行添加,根据上述案例,在学生数据表里添加学生信息,代码 CORE0815 如下所示。

代码 CORE0815

```
import pymysql
# 连接数据库
db = pymysql.connect(host="localhost",port=3306,user= "root",
            password="888888",database = "db",charset = "UTF8")
cursor=db.cursor()
sql="insert into students(name,age,sex)values (' 张三 ',20,'M')"
try:
    # 执行 sql 语句
    cursor.execute(sql)
    # 提交到数据库执行
    db.commit() # 事务代码
    print(" 添加成功 ")
except Exception as e:
    print(" 添加失败 ",e)
    db.rollback() # 发生错误 回滚事务
db.close() # 最后关闭连接
```

通过命令终端来查看创建的表单里的数据,效果如图 8-16 所示。

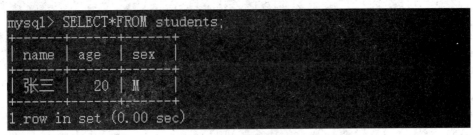

图 8-16　添加表单数据

● 数据查询

在使用数据库进行查询时,一般使用的都是 SELECT 子句,如果要通过 pymysql 模块实现查询,就可以在程序里面接收和查询到返回结果。在开发中应该尽可能地控制查询结果的大小,而所有的查询结果都可以理解为一个元组的列表,在 python 里面每一行的数据都通过元组来进行描述。使用 Cursor 对象中的 fetchall() 方法,在 python 中使用 SQL 语句查询数据,通过上述学生信息表案例来进行学生数据的查询,代码 CORE0816 实现如下。

代码 CORE0816

```
import pymysql
# 连接数据库
db = pymysql.connect(host="localhost",port=3306,user= "root",
            password="888888",database = "db",charset = "UTF8")
```

```
cmd = db.cursor()  # 获取一个数据库操作对象
sql="SELECT name,age,sex FROM students"  # 数据查询
try:
  # 执行 sql 语句
  cmd.execute(sql)
  results = cmd.fetchall()
  # 进行遍历,返回查询结果
  for row in results:
    name = row[0]
    age = row[1]
    sex = row[2]
    print(" 姓名:%s,年龄:%d,性别:%s" %(name,age,sex))
except Exception:
  print(" 查询失败 ")
db.close() # 最后关闭连接
```

效果如图 8-17 所示。

姓名：张三，年龄：20，性别：M

图 8-17　数据查询

在 SQL 语句中查询表单数据,大部分情况下都是通过"SELECT * FROM 表单名称 """的结构完成的,而在程序中可以看到没有使用"*",因为如果使用"*",那么对于上述程序中的顺序是不可控制的,并且很难保证项目中的数据表不发生变更。

● 数据删除

在更新数据的过程中,难免会删除一部分不再需要的数据,在 python 中使用 SQL 语句进行数据删除,通过上述学生信息表案例来进行学生数据的删除,代码 CORE0817 如下所示。

```
代码 CORE0817
import pymysql
# 连接数据库
db = pymysql.connect(host="localhost",port=3306,user= "root",
          password="888888",database = "db",charset = "UTF8")
cursor=db.cursor()
sql="delete from students where name=%s"  # 数据删除
try:
  # 执行 sql 语句
  cursor.execute(sql," 张三 ")
  # 提交到数据库执行
```

```
    db.commit() # 事务代码
    print(" 删除成功 ")
except Exception:
    print(" 删除失败 ")
    db.rollback() # 发生错误 回滚事务
db.close() # 最后关闭连接
```

效果如图 8-18 所示。

删除成功

```
mysql> SELECT*FROM students;
Empty set (0.00 sec)
```

图 8-18　数据删除

2. Pymongo

Pymongo 是 Python 中用来操作 MongoDB 的一个库。而 MongoDB 是一个基于分布式文件存储的数据库,旨在为 WEB 应用提供可扩展的高性能数据存储解决方案。支持的数据结构非常松散,其数据类型是 BSON 格式,类似于 JSON,它的字段值可以包含其他文档、数组及文档数组,非常灵活。

● 创建数据库

在 Python 里针对 MongoDB 数据库的开发操作提供了 pymongo 模块,首先基于 Windows 环境下进行模块安装,随后再进行数据库的开发操作。

```
pip install pymongo
```

在 MongoDB 中,数据库只有在内容插入后才会创建。即数据库创建后要创建集合(表) 并插入一个文档记录,数据库才会真正创建。首先 MongoDB 数据库建立连接,查看所有的数据库,代码 CORE0818 如下所示。

代码 CORE0818

```
import pymongo
# 建立连接
conn = pymongo.MongoClient('localhost',27017)
# 查询所有数据库
db_list = conn.list_database_names()
print(db_list)
```

效果如图 8-19 所示。

['admin', 'config', 'local']

图 8-19　数据库连接

可以看到 MongoDB 默认存在 3 个库 : config, admin, local。在 Python 中,创建新的数

据库需要使用到 MongoClient 对象，并且指定连接的 URL 地址和创建的数据库名。这里创建一个 test 数据库，代码 CORE0819 如下所示。

代码 CORE0819

```
import pymongo
conn = pymongo.MongoClient('localhost',27017)
# 创建数据库
mydb = conn["test"]          # 注：只有插入有文档的集合才能创建库
# 创建集合
mycol = mydb["mycollection"]        # 注：只有插入了文档集合才能创建
# 创建文档
mydoc = {"name":" 小明 "," 年龄 ":"18"}
mycol.insert_one(mydoc)             # 插入单个文档
print(conn.list_database_names())
print(mydb.list_collection_names())
```

效果如图 8-20 所示。

```
['admin', 'config', 'local', 'test']
['mycollection']
```

图 8-20　创建数据库

命令行查看如图 8-21 所示。

```
> show dbs
admin    0.000GB
config   0.000GB
local    0.000GB
test     0.000GB
> use test
switched to db test
> show collections
mycollection
> db.mycollection.find()
{ "_id" : ObjectId("60b5edb44a2cf65fe1cdc42a"), "name" : "小明", "年龄" : "18" }
```

图 8-21　命令行查看

注意：如果在插入文档时没有指定的 _id，MongoDB 会为每个文档添加一个唯一的 id。

● 创建集合

MongoDB 中的集合类似 SQL 的表。在 MongoDB 中，集合只有在内容插入后才会创建！就是说，创建集合 (数据表) 后要再插入一个文档 (记录)，集合才会真正创建。代码 CORE0820 如下所示。

代码 CORE0820

```
import pymongo
conn = pymongo.MongoClient("mongodb://localhost:27017/")
mydb = conn["runoobdb"]
mycol = mydb["mycollection"]
```

如果想要判断集合是否被创建,可以读取 MongoDB 数据库中的所有集合,并判断指定的集合是否存在,代码 CORE0821 如下所示。

代码 CORE0821

```
import pymongo
conn = pymongo.MongoClient('mongodb://localhost:27017/')
mydb = conn['runoobdb']
collist = mydb. list_collection_names()
if "sites" in collist: # 判断 sites 集合是否存在
print(" 集合已存在！ ")
```

注意：collection_names 在最新版本的 Python 中已废弃，Python3.7+ 之后的版本改为了 list_collection_names()。

● 文档操作

在进行 MongDB 数据库文档的操作时,需要学习以下几种操作方法,具体方法见表 8-10。

表 8-10　文档数据操作方法表

方法	说明
insert_one()	插入单个文档数据
insert_many()	插入多个文档数据
find_one()	查询单个文档数据
find ()	根据指定条件查询文档数据
update_one()	更新单个文档数据
update_many()	根据匹配目标更新多个文档数据
delete_one()	删除单个文档数据
delete_many	删除多个文档数据
sort()	指定升序或降序的排序,1 为升序,-1 为降序,默认为 1

● 批量添加文档

在创建库的过程中,学习了插入单个文档需要用到 insert_one() 这一方法,这个项目来学习文档的批量插入,批量添加用到 insert_many() 这一方法,并且对文档进行指定 id,代码 CORE0822 如下所示。

代码 CORE0822

```
import pymongo
conn = pymongo.MongoClient('localhost',27017)
# 创建库
mydb = conn["test"]
# 创建集合
mycol = mydb["mycollection"]
# 创建文档
mylist = [{"_id":1,"name":" 小花 "," 年龄 ":"18"},
        {"_id":2,"name":" 小强 "," 年龄 ":"19"},
        {"_id":3,"name":" 小明 "," 年龄 ":"16"}]
doc = mycol.insert_many(mylist)
```

通过命令终端进行查看，效果如图 8-22 所示。

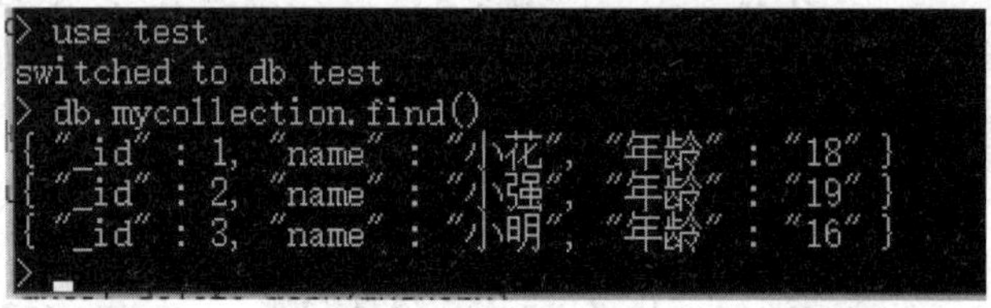

图 8-22　批量插入文档

● 查询文档

MongoDB 中使用了 find() 和 find_one() 方法来查询集合中的数据，它类似于 SQL 中的 SELECT 语句。查询上述 mycollection 集合中的一条数据，使用 find_one() 这一方法，代码 CORE0823 如下所示。

代码 CORE0823

```
import pymongo
conn = pymongo.MongoClient('localhost',27017)
# 创建库
mydb = conn["test"]
# 创建集合
mycol = mydb["mycollection"]
# 查询单条数据
one = mycol.find_one()
print(one)
```

效果如图 8-23 所示。

{'_id': 1, 'name': '小花', '年龄': '18'}

图 8-23　查询单挑数据

如果查询 mycollection 集合中的所有数据,就要用到 find() 方法,代码 CORE0824 如下所示。

代码 CORE0824

```
import pymongo
conn = pymongo.MongoClient('localhost',27017)
# 创建库
mydb = conn["test"]
# 创建集合
mycol = mydb["mycollection"]
# 查询所有数据
all = mycol.find()
for i in all:
    print(i)
```

效果如图 8-24 所示。

```
{'_id': 1, 'name': '小花', '年龄': '18'}
{'_id': 2, 'name': '小强', '年龄': '19'}
{'_id': 3, 'name': '小明', '年龄': '16'}
```

图 8-24　查询所有数据

还可以使用 find() 方法来查询指定字段的数据,将要返回的字段对应值设置为 1,代码 CORE0825 如下所示。

代码 CORE0825

```
import pymongo
conn = pymongo.MongoClient('localhost',27017)
# 创建库
mydb = conn["test"]
# 创建集合
mycol = mydb["mycollection"]
# 查询除了 _id 字段的数据
all = mycol.find({},{"_id":0,"name":1," 年龄 ":1})
for i in all:
    print(i)
```

效果如图 8-25 所示。

```
{'name': '小花', '年龄': '18'}
{'name': '小强', '年龄': '19'}
{'name': '小明', '年龄': '16'}
```

图 8-25　查询指定字段数据

注意：除了 _id，不能在一个对象中同时指定 0 和 1，如果设置了一个字段为 0，则其他都为 1。反之，如果设置了一个字段为 1，则其他都为 0。

也可以使用 find() 方法来设置参数过滤数据，查询指定的数据，代码 CORE0826 如下所示。

代码 CORE0826

```
import pymongo
conn = pymongo.MongoClient('localhost',27017)
# 创建库
mydb = conn["test"]
# 创建集合
mycol = mydb["mycollection"]
# 查询小明的数据
all = mycol.find({"name":" 小明 "})
for i in all:
    print(i)
```

效果如图 8-26 所示。

```
{'_id': 3, 'name': '小明', '年龄': '16'}
```

图 8-26　查询指定数据

● 修改文档

在 MongoDB 中使用 update_one() 方法修改文档中的记录。该方法第一个参数为查询的条件，第二个参数为要修改的字段。将上述案例中小明的年龄 16 改为 17，代码 CORE0827 如下所示。

代码 CORE0827

```
import pymongo
conn = pymongo.MongoClient('localhost',27017)
# 创建库
mydb = conn["test"]
# 创建集合
mycol = mydb["mycollection"]
# 将年龄字段的值 16 改为 17
age = {" 年龄 ":"16"}
newage = {"$set":{" 年龄 ":"17"}}
mycol.update_one(age,newage)
for i in mycol.find({"name":" 小明 "}):
    print(i)
```

效果如图 8-27 所示。

{'_id': 3, 'name': '小明', '年龄': '17'}

图 8-27　修改数据

update_one() 方法只能修改匹配到的第一条记录,如果要修改所有匹配到的记录,可以使用 update_many()。代码 CORE0828 如下所示。

代码 CORE0828

```
import pymongo
conn = pymongo.MongoClient('localhost',27017)
# 创建库
mydb = conn["test"]
# 创建集合
mycol = mydb["mycollection"]
# 查找所有以小开头的字段,并将匹配的所有年龄字段修改为 21
age = {"name":{"$regex":"^ 小 "}}        # 正则表达式修饰符
newage = {"$set":{" 年龄 ":"21"}}
i = mycol.update_many(age,newage)
print(i.modified_count)              # 更新的数量
for a in mycol.find():
    print(a)
```

效果如图 8-28 所示。

```
3
{'_id': 1, 'name': '小花', '年龄': '21'}
{'_id': 2, 'name': '小强', '年龄': '21'}
{'_id': 3, 'name': '小明', '年龄': '21'}
```

图 8-28　修改所有匹配的数据

● 删除文档

在 MongoDB 中可以使用 delete_one() 方法来删除一个文档,该方法第一个参数为查询对象,指定要删除哪些数据。以删除小明的数据为例,代码 CORE0829 如下所示。

代码 CORE0829

```
import pymongo
conn = pymongo.MongoClient('localhost',27017)
# 创建库
mydb = conn["test"]
# 创建集合
mycol = mydb["mycollection"]
```

```
# 删除指定数据
mycol.delete_one(({"name":" 小明 "}))
for i in mycol.find():
    print(i)
```

效果如图 8-29 所示。

```
{'_id': 1, 'name': '小花', '年龄': '21'}
{'_id': 2, 'name': '小强', '年龄': '21'}
```

图 8-29　删除指定数据

使用 delete_many() 方法，通过正则表达式的修饰符来删除多个文档，如果传入的是一个空的查询对象，则会删除集合中的所有文档。代码 CORE0830 如下所示。

代码 CORE0830

```
import pymongo
conn = pymongo.MongoClient('localhost',27017)
# 创建库
mydb = conn["test"]
# 创建集合
mycol = mydb["mycollection"]
# 删除集合中所有文档
a = mycol.delete_many({})
print(a.deleted_count," 文档已全部删除 ")     # 更新的数量
```

效果如图 8-30 所示。

3 文档已全部删除

图 8-30　删除集合中所有数据

通过上面的学习，掌握了 Python 数据采集与存储的相关知识，通过以下几个步骤实现豆瓣电影数据的采集，并将采集的数据存储到 MySQL 数据库中。

第一步：打开浏览器，输入网站地址：https://movie.douban.com/top250?start=0&filter=，页面内容如图 8-31 所示。

图 8-31 页面内容

第二步：分析页面。点击"F12"按钮，进入页面代码查看工具，找到图中内容所在区域并展开页面结构代码，如图 8-32 所示。

```
<div class="grid-16-8 clearfix">
  <div class="article">
    <div class="opt mod">...</div>
    <ol class="grid_view">
      <li>
        <div class="item">
          <div class="pic">...</div>
          <div class="info">
            <div class="hd">
              <a href="https://movie.douban.com/subject/1292052/" class>
                <span class="title">肖申克的救赎</span>
                <span class="title"> / The Shawshank Redemption</span>
                <span class="other"> / 月黑高飞(港) / 刺激1995(台)</span>
              </a>
              <span class="playable">[可播放]</span>
            </div>
            <div class="bd">
              <p class>
                "
                          导演: 弗兰克·德拉邦特 Frank Darabont   主演: 蒂姆·罗宾斯
                Tim Robbins /..."
                <br>
                "
                          1994 / 美国 / 犯罪 剧情
              </p>
              <div class="star">
                <span class="rating5-t"></span>
                <span class="rating_num" property="v:average">9.7</span>
                <span property="v:best" content="10.0"></span>
                <span>2348015人评价</span>
              </div>
              <p class="quote">
                <span class="inq">希望让人自由。</span>
              </p>
            </div>
          </div>
        </div>
      </li>
      <li>...</li>
      <li>...</li>
      <li>...</li>
```

图 8-32 查看并分析页面结构

第三步：明确获取内容。这里需要获取的信息分别是电影名称、导演、主演、年份、国家、电影类型、评论、评论数、评分。

第四步：打开命令窗口，进入 MySQL 安装目录的 bin 目录，之后进入 MySQL 命令行并查看当前存在的数据库，命令 CORE0831 如下所示。

代码 CORE0831
D: cd /MySQL/bin   mysql -u root -p123456   mysql> show databases;

效果如图 8-33 所示。

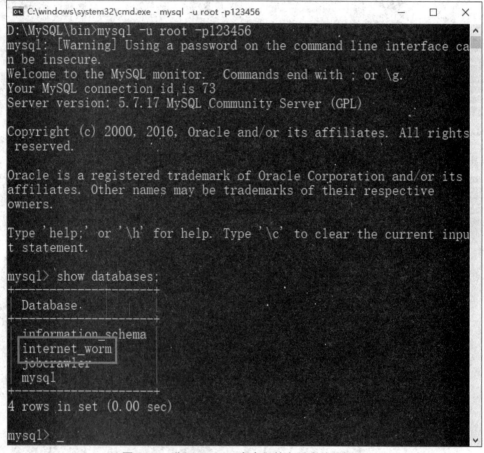

图 8-33　进入 MySQL 命令行并查看当前数据库

第五步：在 Internet_worm 数据库中创建一个用于存储信息的表"douban"，代码 CORE0832 如下所示。

代码 CORE0832

```
mysql> USE internet_worm;
mysql> SELECT DATABASE();
mysql> CREATE TABLE `douban` (
    -> `id` int(11) NOT NULL AUTO_INCREMENT,
    -> `title` varchar(255) DEFAULT NULL,
    -> `direct` varchar(255) DEFAULT NULL,
    -> `actor` varchar(255) DEFAULT NULL,
    -> `year` varchar(255) DEFAULT NULL,
    -> `country` varchar(255) DEFAULT NULL,
    -> `inq` varchar(255) DEFAULT NULL,
    -> `evaluate` varchar(255) DEFAULT NULL,
    -> `grade` varchar(255) DEFAULT NULL,
    -> PRIMARY KEY (`id`)
    -> ) ENGINE=InnoDB DEFAULT CHARSET=utf8;
mysql> SHOW TABLES;
```

效果如图 8-34 所示。

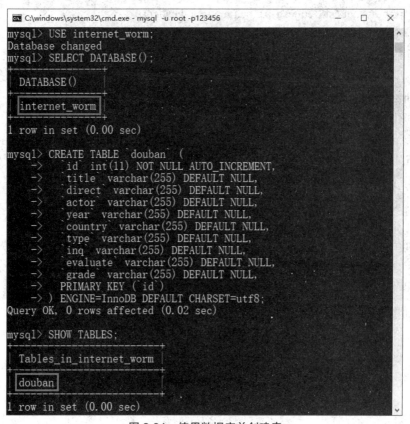

图 8-34 使用数据库并创建表

第六步：打开 Python 的 jupyter notebook，新建 ipynb 文件并导入项目所需的相关模块，之后创建数据库连接，代码 CORE0833 如下所示。

代码 CORE0833

```
from urllib import request
import re
import MySQLdb
db = MySQLdb.connect("localhost", "root", "123456", "Internet_worm", charset='utf8' )
```

第七步：定义页面内容获取函数，并对 URL 相关异常进行处理，最后通过页面路径进行测试，代码 CORE0834 如下所示。

代码 CORE0834

```
from urllib import request
import re
def urlPage(url):
    try:
        ua_header={"User-Agent":"Mozilla/5.0 (Windows NT 10.0; Win64; x64) AppleWeb-
Kit/537.36 (KHTML, like Gecko) Chrome/90.0.4430.93 Safari/537.36"}
        # 抓取设置
        url_buf=request.Request(url, headers=ua_header)
        # 提交请求
        reponse=request.urlopen(url_buf)
        # 读取结果
        html=reponse.read().decode("utf-8")
    #URL 异常处理
    except request.URLError as e:
        if hasattr(e, "code"):
            print (e.code)
        if hasattr(e, "reason"):
            print (e.reason)
    return (html)
htmlPage=urlPage("https://movie.douban.com/top250?start=0&filter=")
htmlPage
```

效果如图 8-35 所示。

'<!DOCTYPE html>\n<html lang="zh-CN" class="ua-windows ua-webkit">\n<head>\n   <meta http-equiv="Content-Type" content="text/html; charset=utf-8">\n   <meta name="renderer" content="webkit">\n   <meta name="referrer" content="always">\n   <meta name="google-site-verification" content="ok0wCgT2OtBBgo9_zat2iAcimtN4Ftf5ccsh092Xeyw" />\n   <title>\n豆瓣电影 Top 250\n</title>\n\n   <meta name="baidu-site-verification" content="cZdR4xxR7RxmM4zE" />\n   <meta http-equiv="Pragma" content="no-cache">\n   <meta http-equiv="Expires" content="Sun, 6 Mar 2005 01:00:00 GMT">\n   \n   <link rel="apple-touch-icon" href="https://img3.doubanio.com/f/movie/d59b2715fdea4968a450ee5f6c95c7d7a2030065/pics/movie/apple-touch-icon.png">\n   <link href="https://img3.doubanio.com/f/shire/6522c42d2aba9757aeefa0c35cc0cefc9229747c/css/douban.css" rel="stylesheet" type="text/css">\n   <link href="https://img3.doubanio.com/f/shire/db02bd3a4c78de56425ddeedd748a6804af60ee9/css/separation/_all.css" rel="stylesheet" type="text/css">\n   <lin

图 8-35 抓取页面

第八步：对抓取的内容进行处理，将不需要的内容去掉，代码 CORE0835 如下所示。

代码 CORE0835

```python
def dispose(htmlPage):
    # 对抓取的内容进行截取，先通过字符串 <ol class="grid_view"> 进行截取
    html = htmlPage.split('<ol class="grid_view">')
    # 截取后的内容分为两个部分
    # 获取第二个部分并通过字符 </ol> 再次进行截取，最后获取第一部分内容
    page = html[1].split('</ol>')
    return page[0]
real=dispose(htmlPage)
```

效果如图 8-36 所示。

'\n   <li>\n   <div class="item">\n<div class="pic">\n   <em class="">1</em>\n   <a href="https://movie.douban.com/subject/1292052/">\n   <img width="100" alt="肖申克的救赎" src="https://img2.doubanio.com/view/photo/s_ratio_poster/public/p480747492.jpg" class="">\n   </a>\n   </div>\n   <div class="info">\n<div class="hd">\n   <a href="https://movie.douban.com/subject/1292052/" class="">\n<span class="title">肖申克的救赎</span>\n<span class="title"> / The Shawshank Redemption</span>\n   <span class="other"> / 月黑高飞(港) / 刺激1995(台)</sp

图 8-36 处理抓取内容

第九步：定义匹配每个 li 标签的正则表达式，并获取所有匹配的内容，代码 CORE0836 如下所示。

代码 CORE0836

```
tag = r'<li>(.*?)</li>'
m_li=re.findall(tag,real,re.S | re.M)
m_li
```

效果如图 8-37 所示。

```
['\n                <div class="item">\n                    <di
v class="pic">\n                        <em class="">1</em>
\n                    <a href="https://movie.douban.co
m/subject/1292052/">\n                        <img widt
h="100" alt="肖申克的救赎" src="https://img2.doubanio.c
om/view/photo/s_ratio_poster/public/p480747492.jpg" cla
ss="">\n                    </a>\n                    </div
>\n                <div class="info">\n
<div class="hd">\n                        <a href="http
s://movie.douban.com/subject/1292052/" class="">\n
<span class="title">肖申克的救赎</span>\n
<span class="title"> / The Shawshank Redempti
```

图 8-37 获取每个 li 标签包含内容

第十步：通过观察可以发现，每个 li 包含内容被当作列表的元素，这时需要通过循环语句对列表进行遍历获取每个电影的相关信息，包括电影名称、导演、主演、年份、国家、电影类型、评论、评论数、评分，代码 CORE0837 如下所示。

代码 CORE0837

```
# 遍历信息
for line in m_li:
    # 获取电影名称
    # 定义正则表达式
    tag_title = r'<span class="title">(.*?)</span>'
    # 获得名称并获取匹配后的第一个元素
    title = re.findall(tag_title, line, re.S | re.M)[0]
    print (' 电影名 :', title)

    # 获取导演、主演、年份、国家、电影类型
    # 定义正则表达式
    tag_director = r'<p class="">(.*?)</p>'
    # 获取包含导演、主演、年份、国家、电影类型的信息
    dirList = re.findall(tag_director, line, re.S | re.M)[0]
```

```
# 导演
tag_direct = r' 导演 : (.*?)   '
direct = re.findall(tag_direct, dirList, re.S | re.M)[0]
print(' 导演：', direct)
# 主演
tag_main_actor = r' 主演 : (.*?)<br>'
actor = re.findall(tag_main_actor, dirList, re.S | re.M)[0]
print(' 主演：', actor)
# 年份
tag_year = r'\d+'
year = re.findall(tag_year, dirList, re.S | re.M)[0]
print(' 年份：', year)
# 国家
tag_country = r' / (.*?) / '
# 获取到的国家通过"、"进行连接
country = re.findall(tag_country, dirList, re.S | re.M)[0].replace(" ","、")
print(' 国家：', country)
# 电影类型，在内容的最后，通过分割后第二部分即为电影类型
type = dirList.strip().split("/ ")[-1].replace(" ","、")
print(' 电影类型：', type)


# 获取评论
tag_inq = r'<span class="inq">(.*?)</span>'
inq = re.findall(tag_inq, m_li[0], re.S | re.M)[0]
print(' 评论：', inq)


# 获取评论数
tag_strEva = r'<span>(.*?)</span>'
# 获取评论数内容，包含中文
evaluate_str = re.findall(tag_strEva, m_li[0], re.S | re.M)
# 获取评论数内容中的数字，即评论数
tag_numEva = r'\d+'
evaluate = re.findall(tag_numEva, evaluate_str[0], re.S | re.M)[0]
print(' 评论数：',evaluate)
```

```
# 获取评分
tag_grade = r'<span class="rating_num" property="v:average">(.*?)</span>'
grade = re.findall(tag_grade, m_li[0], re.S | re.M)[0]
print(' 评分：', grade)
print('----------------------------')
```

效果如图 8-38 所示。

```
电影名 ： 肖申克的救赎
导演：  弗兰克·德拉邦特 Frank Darabont
主演：  蒂姆·罗宾斯 Tim Robbins /...
年份：  1994
国家：  美国
电影类型：  犯罪、剧情
评论：  希望让人自由。
评论数：  2349324
评分：  9.7
--------------------------------
电影名 ： 霸王别姬
导演：  陈凯歌 Kaige Chen
主演：  张国荣 Leslie Cheung / 张丰毅 Fengyi Zha...
年份：  1993
国家：  中国内地、中国香港
电影类型：  剧情、爱情、同性
评论：  风华绝代。
评论数：  1748039
评分：  9.6
```

图 8-38　获取第一个电影的信息

第十一步：将获取到的内容存储到 MySQL 数据库中，代码 CORE0838 如下所示。

代码 CORE0838

```
cursor = db.cursor()
# 插入数据语句
    sql = "INSERT INTO douban (title,direct,actor,year,country,type,inq,evaluate,grade)
VALUES    ('"+title+"','"+direct+"','"+actor+"','"+year+"','"+country+"','"+type+"','"+in-
q+"','"+evaluate+"','"+grade+"')"
    cursor.execute(sql)
# 提交请求
    db.commit()
```

第十二步：返回 MySQL 的命令行，查看数据，判断数据是否插入成功，命令如下所示。

```
mysql> SELECT * FROM douban LIMIT 2;
```

效果如图 8-39 所示。

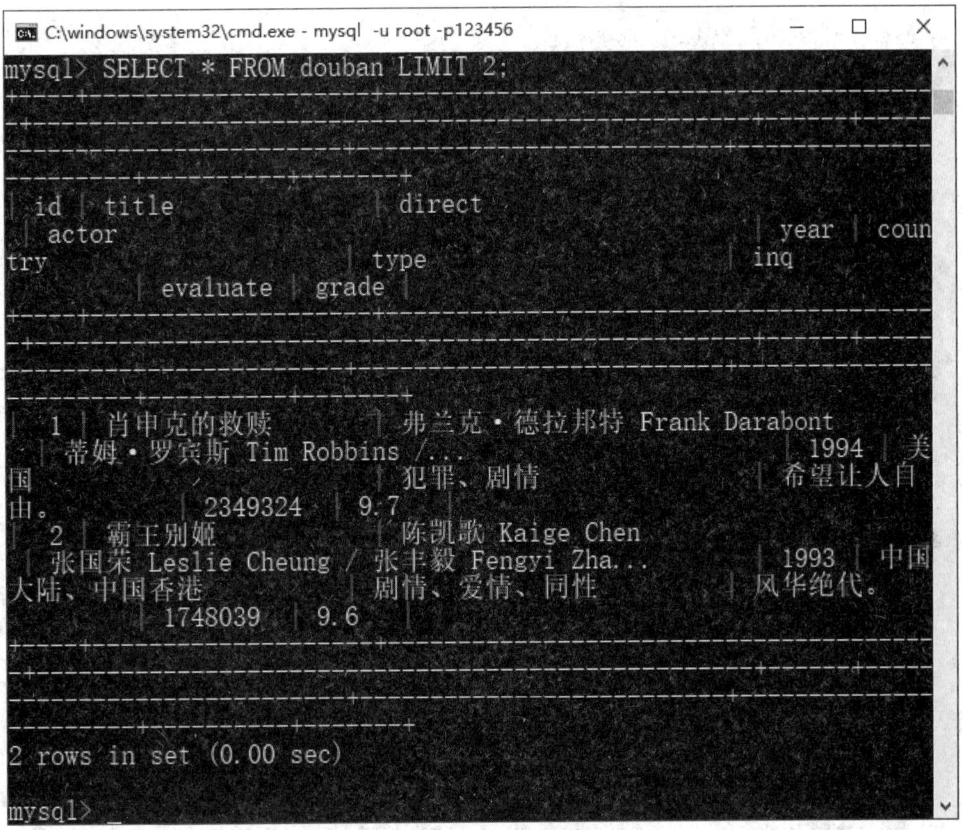

图 8-39 数据库查询

第十三步：上面的操作只爬取了第一页的电影信息，下面清空数据库数据，之后修改代码，实现多页数据的获取，通过对页面路径的观察，只需修改路径中 start 对应的值即可，并且每页路径的 start 对应值间隔为 25。代码 CORE0839 如下所示。

代码 CORE0839

```
from urllib import request
import re
import MySQLdb
db = MySQLdb.connect("localhost", "root", "123456", "Internet_worm", charset='utf8' )
def urlPage(url):
    try:
        ua_header={"User-Agent":"Mozilla/5.0 (Windows NT 10.0; Win64; x64) AppleWeb-
Kit/537.36 (KHTML, like Gecko) Chrome/90.0.4430.93 Safari/537.36"}
        url_buf=request.Request('https://movie.douban.com/top250?start=0&filter=', head-
ers=ua_header)
        reponse=request.urlopen(url_buf)
        html=reponse.read().decode("utf-8")
```

```
        except request.URLError as e:
            if hasattr(e, "code"):
                print (e.code)
            if hasattr(e, "reason"):
                print (e.reason)
        return (html)


def dispose(htmlPage):
    html = htmlPage.split('<ol class="grid_view">')
    page = html[1].split('</ol>')
    return page[0]


def getContent(url):
    htmlPage = urlPage(url)
    real = dispose(htmlPage)
    tag = r'<li>(.*?)</li>'
    m_li=re.findall(tag,real,re.S | re.M)
    for line in m_li:
        # 获取电影名称
        tag_title = r'<span class="title">(.*?)</span>'
        title = re.findall(tag_title, line, re.S | re.M)[0]


        # 获取导演、主演、年份、国家、电影类型
        tag_director = r'<p class="">(.*?)</p>'
        dirList = re.findall(tag_director, line, re.S | re.M)[0]
        # 导演
        tag_direct = r' 导演 : (.*?)   '
        direct = re.findall(tag_direct, dirList, re.S | re.M)[0]
        # 主演
        tag_main_actor = r' 主演 : (.*?)<br>'
        actor = re.findall(tag_main_actor, dirList, re.S | re.M)[0]
        # 年份
        tag_year = r'\d+'
        year = re.findall(tag_year, dirList, re.S | re.M)[0]
        # 国家
```

```
tag_country = r' / (.*?) / '
country = re.findall(tag_country, dirList, re.S | re.M)[0].replace(" ","、")
# 电影类型，在内容的最后，通过分割后第二部分即为电影类型
type = dirList.strip().split("/ ")[-1].replace(" ","、")
# 获取评论
tag_inq = r'<span class="inq">(.*?)</span>'
inq = re.findall(tag_inq, m_li[0], re.S | re.M)[0]

# 获取评论数
tag_strEva = r'<span>(.*?)</span>'
evaluate_str = re.findall(tag_strEva, m_li[0], re.S | re.M)
tag_numEva = r'\d+'
evaluate = re.findall(tag_numEva, evaluate_str[0], re.S | re.M)[0]

# 获取评分
tag_grade = r'<span class="rating_num" property="v:average">(.*?)</span>'
grade = re.findall(tag_grade, m_li[0], re.S | re.M)[0]

# 保存数据
cursor = db.cursor()
 sql = "INSERT INTO douban (title,direct,actor,year,country,type,inq,evaluate,grade)
VALUES        ('"+title+"','"+direct+"','"+actor+"','"+year+"','"+country+"','"+type+"','"+in-
q+"','"+evaluate+"','"+grade+"')"
    cursor.execute(sql)
    db.commit()


for x in range(0,226,25):
    url='https://movie.douban.com/top250?start='+str(x)+'&filter='
    getContent(url)
```

　　第十四步：返回 MySQL 的命令行，查看数据条数，对代码是否执行成功进行判断，命令如下所示。

```
mysql> SELECT * FROM douban LIMIT 2;
```

　　效果如图 8-40 所示。

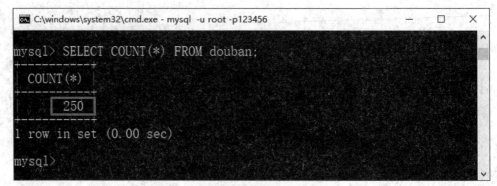

图 8-40　数据条数查询

当前数据表包含了 250 条数据，而页面中，每页包含 25 条电影数据，采集前 10 页内容，也就是 250 条电影数据，与数据库数据条数对应，说明数据采集与存储成功。

至此，豆瓣电影数据的采集与存储完成。

本项目通过豆瓣电影数据爬取的实现，使读者对 Python 的网络爬虫模块有了初步的了解，并针对 Requests 模块和 XPath 模块进行了了解并掌握了其使用方法，能够通过 Python 爬虫的相关知识实现数据的爬取。

Web Spider	蜘蛛网	headers	标题
url	网址	params	参数
install	安装	Agent	代理人
get	得到	User	用户

一、选择题

（1）urllib 中用于打开网络连接的是（　　）。

A. headers　　　　B. urllib.request.urlopen　　　C. params　　　　D. url

（2）urllib.request.Request 中参数代表指定发送 post 请求时提交的表单数据的是（　　）。

A. Response.content　　　　　　　　B. date

C. Response.encoding　　　　　　　D. Response. status_code

（3）XPath 中用于选取此节点的所有子节点（　　）。

A. Nodename　　　B. .　　　　　　　C. //　　　　　　　D. /

（4）使用 PyMySQL 连接数据库中用于指定主机名的是（　　）。

A. localhost　　　B. user　　　　　　C. host　　　　　　D. port

（5）使用 Pymongo 操作 MongoDB 数据库时用于插入单个文档数据的是（　　）。

A. insert_one()　　　　　　　　　　B. find_one()

C. update_one()　　　　　　　　　　D. insert_many()

二、简答题

（1）简述 Urllib 模块作用。

（2）简述 XPath 作用。